高等职业教育十二五规划教材

高职高专计算机任务驱动模式教材

计算机网络故障诊断与处理

冯　昊　编著

清华大学出版社
北　京

内容简介

计算机网络和用户主机在运行过程中，都不可避免地会出现各种各样的故障，对网络故障进行及时诊断、处理，保障网络和用户主机的正常稳定运行至关重要。因此，对计算机网络故障的诊断分析和故障处理能力是计算机网络专业的核心专业技能之一。

本教材以能力为本位，通过真实的网络故障案例，详细介绍了网络故障诊断处理基础知识、路由故障的诊断与处理、TCP连接故障的诊断与处理、网络环路故障的诊断与处理、域名与用户端故障的诊断与处理、ARP攻击网络故障的诊断与处理、传输介质故障的诊断与处理等实用内容，并备有大量习题与实训操作。

本书可作为高职高专院校计算机类相关专业的专业教材，也可以作为从事网络工作的工程师的参考书，或作为网络培训教材。

图书在版编目（CIP）数据

计算机网络故障诊断与处理/冯昊编著．—北京：清华大学出版社，2011.12(2022.8重印)
（高职高专计算机任务驱动模式教材）
ISBN 978-7-302-26921-2

Ⅰ.①计… Ⅱ.①冯… Ⅲ.①计算机网络—故障诊断—高等职业教育—教材 ②计算机网络—故障修复—高等职业教育—教材 Ⅳ.①TP393.07

中国版本图书馆CIP数据核字(2011)第194529号

责任编辑：束传政 张 景
责任校对：袁 芳
责任印制：宋 林

出版发行：清华大学出版社
网　　址：http://www.tup.com.cn，http://www.wqbook.com
地　　址：北京清华大学学研大厦A座　　**邮　　编**：100084
社 总 机：010-83470000　　**邮　　购**：010-62786544
投稿与读者服务：010-62776969，c-service@tup.tsinghua.edu.cn
质 量 反 馈：010-62772015，zhiliang@tup.tsinghua.edu.cn
印 装 者：三河市君旺印务有限公司
经　　销：全国新华书店
开　　本：185mm×260mm　　**印　　张**：8.75　　**字　　数**：212千字
版　　次：2011年12月第1版　　**印　　次**：2022年8月第10次印刷
定　　价：29.00元

产品编号：037616-02

作者简介

冯昊 计算机软件与理论专业硕士，副教授，重庆市优秀教师，信息科学与技术学科优秀青年骨干教师，网络工程师。主要从事计算机网络安全和电子商务安全领域的研究，擅长软件开发、网络组建、网络运行维护与网络安全管理。现任职于重庆工商职业学院教育技术中心，从事计算机网络运行维护管理与教学工作。单独编著或作为主编先后编写出版了 15 本计算机专业教材。

编著情况：

- 《计算机网络安全》 清华大学出版社，2011
- 《计算机网络故障诊断与处理》 清华大学出版社，2011
- 《网络测试与故障诊断》 中央广播电视大学出版社，2011
- 《Linux 服务器配置与管理(第 2 版)》(教育部普通高等教育“十一五”国家级规划教材、教育部 2009 年高职高专计算机类专业优秀教材) 清华大学出版社，2009
- 《交换机/路由器的配置与管理(第 2 版)》(教育部普通高等教育“十一五”国家级规划教材、教育部 2009 年高职高专计算机类专业优秀教材) 清华大学出版社，2009
- 《Linux 操作系统教程》 清华大学出版社，2008
- 《ASP 动态网页设计与应用》 清华大学出版社，2008
- 《局域网技术与组网》 电子工业出版社，2007
- 《交换机/路由器的配置与管理》 清华大学出版社，2005
- 《Linux 服务器配置与管理》 清华大学出版社，2005
- 《ASP 动态网页设计与上机指导》 清华大学出版社，2002
- 《Visual Basic 6.0 程序设计与上机指导》 清华大学出版社，2002
- 《Visual FoxPro 程序设计基础教程》 重庆大学出版社，2002
- 《Visual Basic 5.0/6.0 程序设计与上机指导》 清华大学出版社，1999
- 《Visual Basic 3.0 程序设计教程》 重庆大学出版社，1998

研究情况：

作为课题主持人，承担完成了重庆市教委的《构建安全电子商务系统的研究》、《现代远程教育中信息安全的研究与实践》和《现代远程教育个性化学习平台的研究与开发》等科研课题的研究。发表了《Web Services 中 SOAP 消息的安全研究与对策》、《基于 Web Services 的教学资源整合与实现》、《电子商务的安全问题及对策》、《"挑战-应答"认证模型在 B/S 架构系统中的实现》等学术论文。

获奖情况：

- 重庆市优秀教师
- 在第二届"中国·重庆职业技能大赛"计算机网络管理员竞赛的决赛中荣获二等奖。

联系方式：

E-mail：answer@cqdd.cq.cn　book@cqdd.cq.cn

个人网站：http://www.pcnetedu.com

前　言

随着计算机网络的日益普及和广泛应用，计算机网络已深入人们生活的各个方面，正在影响和改变着人们的生活与交往方式。计算机网络和用户主机在运行过程中，都不可避免地会出现各种各样的故障，对出现和发生的计算机网络故障或用户主机故障进行诊断分析与故障处理，保障用户主机和计算机网络的正常稳定运行至关重要。

对计算机网络故障的诊断分析和故障处理能力，是计算机网络专业的核心专业技能之一。长期以来，由于缺乏计算机网络故障诊断与处理方面比较系统和优秀的教材，在计算机网络专业技能培养方面，对网络故障的诊断分析和故障处理技能的培养相对不足，导致一些毕业生在面对网络故障时束手无策，不知道故障点和故障原因，也不知道该如何着手分析和查找故障点。因此，在计算机网络专业的课程设置和专业建设目标中，构建和培养对计算机网络故障的诊断分析与故障处理技能至关重要和迫切。

目前，国内系统讲解计算机网络故障诊断分析和网络故障处理方面的同类教材相对较少。在大多数情况下，对计算机网络故障的诊断与处理知识，在计算机网络基础或其他类似课程中有一些基本的讲解，但涉及的内容和知识点较少，不是很系统和全面，而且也不够深入。为此，编者根据自己多年从事大型网络运行维护管理和故障处理的经验，从实用的角度出发编写了本教材。

"计算机网络故障诊断与处理"是一门实践性和实用性都非常强的课程，对网络故障的诊断分析，要利用到前续课程所学习掌握的计算机网络理论知识，要求学生必须掌握扎实的计算机网络理论知识。对网络故障的解决处理，则要用到对交换机和路由器的配置与管理方面的知识，因此，该课程是网络知识和技能的综合运用与提高。由于前续课程已学习了计算机网络的理论知识，并已掌握了计算机网络操作的基本技能，因此，本教材不会再重复讲解这些内容，而将重点放在如何利用所学的网络理论知识，根据网络故障现象，分析故障原因，判断出故障点，并找出故障的解决处理办法。

本教材以能力为本位，把重点培养学生对网络故障的分析判断和故障处理能力作为编写的指导思想。根据网络故障知识体系进行归类，并根据网络故障的出现几率和实用性，组织全书的内容和章节顺序。本教材的编写目标是通过对该教材内容的学习和实践操作，使学生具有能独立承担中小型网络甚至大型网络的维护管理与故障处理能力。

本教材的特色主要体现在以下三个方面：

- 教材内容新颖，实用性和可操作性强。所有网络故障案例均来自真实的网络故障，具有普遍性和实用性。
- 突出网络故障的诊断分析过程和故障处理能力的培养。
- 在内容的组织和讲解上，结合网络故障案例，尽可能地采用案例式和任务驱动教学模式进行组织编写，并充分体现"易学易教"的原则。

本书配有习题和实训操作，教材的习题答案、技术文章等相关配套资源请访问作者网站(http://www.pcnetedu.com/getbkres.asp)获取，PPT 演示文档请通过电子邮件(book@cqdd.cq.cn)向作者索取。全书共 7 章，建议学时数不低于 54 学时。

本教材得到了清华大学出版社的大力支持和帮助，在此表示衷心的感谢！限于笔者学识水平，不当之处在所难免，敬请批评指正。

编　者

2011 年 7 月

目 录

第 1 章 网络故障诊断处理基础知识 …… 1

1.1 交换式局域网的组网结构 …… 1
1.2 局域网 IP 地址规划与运作模式 …… 2
1.2.1 局域网的 IP 地址规划 …… 2
1.2.2 局域网的运作模式 …… 3
1.3 网络设备简介 …… 8
1.3.1 交换机简介 …… 8
1.3.2 路由器简介 …… 10
1.3.3 防火墙简介 …… 11
1.3.4 网络设备的配置途径与配置方法 …… 11
1.4 网络传输介质 …… 15
1.4.1 双绞线与检测工具 …… 16
1.4.2 光纤 …… 16
1.4.3 无线传输介质与无线协议 …… 17
1.5 网络故障诊断命令 …… 17
习题 1 …… 19

第 2 章 路由故障的诊断与处理 …… 22

2.1 路由故障的诊断与处理步骤 …… 22
2.2 路由故障诊断与处理实例 …… 23
2.2.1 路由故障实例网络拓扑结构 …… 23
2.2.2 配置构建路由故障实训环境 …… 24
2.2.3 网络通畅性测试与路由追踪 …… 31
2.2.4 路由故障的诊断分析与处理 …… 34
习题 2 …… 41
实训 2 路由故障的诊断与处理 …… 42

第 3 章 TCP 连接故障的诊断与处理 …… 43

3.1 TCP 连接的建立过程 …… 43

3.2 TCP 连接故障的诊断与处理步骤 …… 45
3.3 TCP 故障诊断与处理实例 …… 45
3.3.1 TCP 故障实例网络拓扑结构 …… 45
3.3.2 TCP 故障实例诊断分析 …… 50
3.3.3 案例故障的进一步测试与故障处理 …… 52
习题 3 …… 58
实训 3 TCP 连接故障的诊断与处理 …… 59

第 4 章 网络环路故障的诊断与处理 …… 61

4.1 网络环路故障现象与危害 …… 61
4.2 构成网络环路的常见情况 …… 61
4.3 网络环路的诊断与处理方法 …… 63
4.3.1 网络环路的诊断 …… 63
4.3.2 网络环路的处理方法 …… 64
4.4 网络环路检测与保护 …… 65
4.4.1 环路检测原理与处理方式 …… 66
4.4.2 环路检测配置命令 …… 67
习题 4 …… 69
实训 4 配置网络环路检测与保护 …… 70

第 5 章 域名与用户端故障的诊断与处理 …… 71

5.1 域名解析引起的网络故障 …… 71
5.1.1 域名系统概述 …… 71
5.1.2 域名解析检测命令 …… 74
5.1.3 域名解析故障的诊断与处理 …… 75
5.2 非法 DHCP 引起的网络故障 …… 76
5.2.1 DHCP 概述 …… 76
5.2.2 非法 DHCP 引起的网络故障的诊断与处理 …… 78
5.2.3 屏蔽非法 DHCP 与阻止用户私设 IP …… 79
5.3 用户端常见的网络故障 …… 85
习题 5 …… 86
实训 5 屏蔽非法 DHCP 与阻止用户私设 IP …… 87

第 6 章 ARP 攻击网络故障的诊断与处理 …… 89

6.1 ARP 协议及其工作原理 …… 89
6.2 ARP 欺骗原理与攻击源的定位 …… 94
6.2.1 ARP 欺骗原理 …… 94
6.2.2 ARP 命令 …… 96
6.2.3 ARP 攻击源的定位 …… 101

6.3 预防 ARP 攻击的常用措施 …… 102
6.3.1 进行 IP 地址与 MAC 地址的静态绑定 …… 102
6.3.2 端口隔离 …… 102
6.3.3 广播风暴抑制 …… 104
6.4 锐捷防 ARP 欺骗技术和抗 ARP 攻击技术 …… 106
6.4.1 网关 ARP 欺骗防范技术 …… 106
6.4.2 ARP 报文过滤技术 …… 108
6.4.3 抗 ARP 攻击技术 …… 112
习题 6 …… 123
实训 6.1 配置防 ARP 欺骗攻击 …… 124
实训 6.2 配置交换设备抗 ARP 攻击 …… 125

第 7 章 传输介质故障的诊断与处理 …… 126

7.1 双绞线故障的诊断与处理 …… 126
7.2 光纤故障的诊断与处理 …… 127
7.3 端口协商故障的诊断与处理 …… 128
习题 7 …… 128
实训 7 双绞线故障的诊断与处理 …… 129

参考文献 …… 130

第 1 章　网络故障诊断处理基础知识

本章主要介绍进行网络故障诊断分析和检测所需具备和了解的一些基础知识。

1.1　交换式局域网的组网结构

目前的局域网均为交换式局域网，使用的网络接入设备为交换机和路由器，带宽共享式的集线器设备已不再使用。局域网的主流速度多采用万兆核心、千兆主干、百兆交换到桌面，即局域网的核心交换机至少应具备万兆的带宽处理能力。千兆主干是指核心交换机与各幢楼的汇聚层交换机之间的级联链路的带宽为千兆链路。百兆交换到桌面是指接入层交换机的各端口带宽至少为百兆，从而实现用户以百兆速率接入网络。

目前，交换式局域网采用星型结构布线，但网络总体结构呈层次结构，一般多采用三层式结构。这三层分别是核心层、汇聚层和接入层，其组网结构如图 1.1 所示。

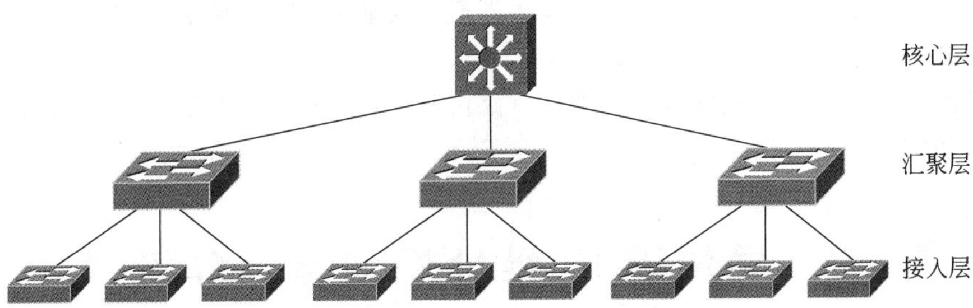

图 1.1　交换式局域网的组网结构

采用三层交换式结构组网方案，其好处在于结构清晰，网络运行效率高，易于维护和扩展。对于网络接入速度要求较高的应用，还可直接采用千兆接入交换机，实现用户的千兆网络接入。

1. 接入层

接入层位于整个网络结构的最底层，接入层交换机用于连接最终用户，提供网络接入服务。

接入层交换机通常采用二层交换机，端口密度一般较高(24 端口或 48 端口)，并应配备高速上行级联链路端口。这类交换机用量较大，与汇聚层交换机共同放置于每幢楼的楼宇配线间。

2. 汇聚层

汇聚层交换机用于汇聚接入层交换机的流量，提供 VLAN 间的互访，并向上级联至核心层交换机。

汇聚层交换机应采用三层交换机，以提供高性能数据交换、VLAN 间互访和 IP 报文过滤等功能。汇聚层交换机的每一个端口向下级联接入层交换机。当用户接入端口不够用，而汇聚层交换机又刚好有空余端口可用时，汇聚层交换机的端口也可作为用户的接入端口来使用。

一幢楼内各房间的网线，通过综合布线，全部拉到楼宇配线间，并接在配线架上。然后，利用双绞线跳线，从配线架接到接入层交换机的各个端口。接入层交换机再向上级联到汇聚层交换机，汇聚层交换机通过光纤向上级联到位于中心机房的核心层交换机。

汇聚层与核心层交换机均是三层设备，因此它们之间的级联属于三层设备间的级联，其链路最好采用路由模式。另外，根据应用的需要也可采用 Trunk 模式，或者配置成既支持路由又支持 Trunk 的工作模式。

3. 核心层

核心层交换机是整个网络的中心交换机，具有最高的交换性能，用于连接和汇聚各汇聚层交换机的流量。核心层交换机一般采用中高端的三层交换机，这类交换机具有很高的交换背板带宽、很高的包转发速率和较多的高速端口，能提供高性能的数据交换转发服务。

局域网络除了实现局域网内的数据共享和交换之外，通常还要能访问因特网。因此，局域网的核心交换机还要与局域网的边界路由器或防火墙相连。边界路由器或防火墙再通过光纤专线和 ISP 服务商，接入因特网。

局域网的边界路由器或防火墙主要实现路由和 NAT(网络地址转换)功能，以实现局域网用户能访问因特网。

1.2 局域网 IP 地址规划与运作模式

1.2.1 局域网的 IP 地址规划

1. 局域网可使用的 IP 地址

在 IPv4 协议中，为解决 IP 地址数不够用的问题，因特网 IP 地址分配与管理机构(ICANN)从 A 类、B 类和 C 类 IP 地址中划分了一部分出来，规定作为私网地址使用，不同的局域网可重复使用这些私网地址。私网地址不能用在因特网中。

局域网可使用的私网地址为 10.0.0.0/8、172.16.0.0/12 和 192.168.0.0/16。其中 172.16.0.0/12 包含了 16 个 B 类地址，地址段范围为 172.16.0.0/16 至 172.31.0.0/16。

2. 局域网 IP 地址规划原则

为隔离和缩小广播域范围，减小病毒或木马的攻击影响范围，局域网通常要划分成若干个网段，每一个网段的用户数量最多为 253 个，使用一个 C 类(24 位掩码)网段地址。

在可使用的私网地址中，在同一个局域网中，习惯上使用 10.0.0.0/8 或 192.168.0.0/16 作为局域网的用户地址，而使用 172.16.0.0/12 这类地址中的一部分，作为三层设备互联的网络接口地址。

一对三层设备互联的互联链路需要 2 个互联接口地址，这 2 个地址在同一个网段。不同的互联链路的接口地址必须属于不同的网段，因此，习惯上使用一个 C 类(256 个地址)地址段，通过子网划分(子网掩码为 255.255.255.252)，将这一个 C 类地址划分成 64 个子网，每一个子网含 4 个地址。除去第一个网络地址和最后一个广播地址不能使用之外，中间剩下的 2 个为可用的 IP 地址。这 2 个 IP 地址就刚好可作为互联接口地址来使用。

比如，可将 172.16.1.0/24 这一个 C 类地址划分成 64 个子网，第一个子网中可作为互联接口地址使用的地址就是 172.16.1.1/30 和 172.16.1.2/30，第二个子网中可作为互联接口地址使用的就是 172.16.1.5/30 和 172.16.1.6/30，第三个子网中可作为互联接口地址使用的就是 172.16.1.9/30 和 172.16.1.10/30，其余以此类推。

192.168.0.0/16 包含 256 个 C 类地址，中小型局域网络可使用该类地址作为局域网的用户地址。如果网络规模很大，可使用 10.0.0.0/8 这个 A 类地址来作为用户地址。

1.2.2　局域网的运作模式

1. 虚拟局域网技术

目前，局域网都采用了虚拟局域网(Virtual Local Area Network，VLAN)技术来实现网段的划分和隔离，以缩小和隔离广播域。

通常在各幢楼的汇聚层交换机上创建和划分 VLAN，一个 VLAN 就是一个网段。通过在汇聚层交换机上增配各 VLAN 的接口 IP 地址，VLAN 间就可实现相互通信。所配置的 VLAN 接口地址成为属于该 VLAN 的网段的网关地址。

比如，若在汇聚层交换机上创建了 VLAN 10，并将汇聚层交换机的第 1 号端口至第 4 号端口划分属于 VLAN 10，并配置 VLAN 10 的 VLAN 接口地址为 192.168.1.1/24，则对于接在汇聚层交换机的第 1 号端口至第 4 号端口的所有用户，其网段地址为 192.168.1.0/24，网关地址为 192.168.1.1。

汇聚层交换机通常连接接入层交换机，汇聚层的第 1 号至第 4 号端口可连接 4 台接入层交换机。若接入层交换机的用户接入端口为 24 口，则汇聚层的 4 个端口可接入 96 个用户。若接入层交换机更换为端口密度更大的 48 口二层交换机，可接入 192 个用户。在实际配置时，根据要接入的用户数或信息点的数量、二层交换机的端口数量，计算出该网段需要的二层交换机的数量，从而决定在汇聚层交换机上要将多少个端口划分到该网段。

2. 局域网中三层设备的互联模式

在局域网中，三层设备彼此间要实现互联互通，其互联链路的工作模式有三种，分别是路由模式、Trunk 模式、既支持路由又支持 Trunk 的工作模式。

(1) 路由模式

路由模式是局域网中三层设备互联的主要工作模式。比如,各幢楼的汇聚层交换机与核心交换机之间的互联链路最好采用路由模式,而尽量少采用Trunk模式。

对于路由模式,互联链路两端的互联接口需要配置接口IP地址,然后在实现互联的两台设备上分别配置路由,从而实现网路的互联互通。

【例1.1】 假设A幢楼的汇聚层交换机为Cisco 3550,互联端口为G1/1;A幢楼拥有的网络地址为192.168.0.0/19;核心交换机为华为S8505;互联端口为G3/1/1;互联接口地址采用172.16.1.1/30和172.16.1.2/30。试配置Cisco 3550与S8505间的互联,以路由模式工作,实现互联互通。

① 配置Cisco 3550汇聚层交换机

```
!进入特权模式
Switch>enable
!进入配置模式
Switch#config t
!选择要配置的端口,设置端口为三层端口,并配置互联接口地址
Switch(config)#int G1/1
Switch(config-if)#no switchport
Switch(config-if)#ip address 172.16.1.1 255.255.255.252
!配置默认路由,下一跳指向核心交换机的互联接口地址
Switch(config-if)#exit
Switch(config)#ip route 0.0.0.0 0.0.0.0 172.16.1.2
!退出配置模式,并保存配置后退出
Switch(config)#exit
Switch#write
Switch#exit
Switch>
```

② 配置S8505核心交换机

Cisco或锐捷公司的交换机可以使用no switchport指令将端口配置成三层端口,而对于华为和华三公司的三层交换机,这种做法是不行的,只能采用以下方法来变通实现。

华为或华三公司的三层交换机配置互联接口地址的实现方法:

创建一个VLAN,然后将互联接口的IP地址配置在VLAN接口上,再将用于互联的端口划归该VLAN。

```
<S8505>super
!进入系统视图,即配置模式
<S8505>system-view
!创建用于互联的VLAN
[S8505]vlan 10
[S8505-vlan10]quit
!配置VLAN接口地址
[S8505]interface Vlan-interface10
[S8505-Vlan-interface10]ip address 172.16.1.2 255.255.255.252
[S8505-Vlan-interface10]quit
!选择互联接口,将互联接口划归VLAN10
[S8505]interface GigabitEthernet3/1/1
```

```
[S8505-GigabitEthernet3/1/1]port access vlan 10
!配置到 A 幢的路由
[S8505-GigabitEthernet3/1/1]quit
[S8505]ip route-static 192.168.0.0 255.255.248.0 172.16.1.1
!保存配置并退出
[S8505]quit
<S8505>save
<S8505>quit
```

(2) Trunk 模式

路由模式不会透传 VLAN 信息。当一个 VLAN 同时分布在两幢楼时，这两幢楼的汇聚层交换机与核心交换机的互联链路要采用 Trunk 模式。

采用 Trunk 模式时，分布在这两幢楼的同一个 VLAN 的用户的数据交换要通过核心交换机转发。Trunk 链路的带宽压力比较大，当这样的互联链路比较多时，核心交换机的数据转发压力也会比较大。

要使互联链路以 Trunk 模式工作，只需分别在互联的两台设备上，将用作互联的端口的工作模式配置为 Trunk 端口即可。

【例 1.2】 假设 A 幢楼的汇聚层交换机为 Cisco 3550，互联端口为 G1/1；A 幢楼拥有的网络地址为 192.168.0.0/19；核心交换机为华为 S8505，互联端口为 G3/1/1。试配置 Cisco 3550 与 S8505 间的互联，以 Trunk 模式工作，实现互联互通。

① 配置 Cisco 3550 汇聚层交换机

```
Switch#config t
Switch(config)#int G1/1
Switch(config-if)#description to-8505
!配置 Trunk 链路的封装协议为 IEEE 802.1Q
Switch(config-if)#switchport trunk encapsulation dot1q
!配置端口工作模式为 trunk 模式
Switch(config-if)#switchport mode trunk
!存盘退出
Switch(config-if)#end
Switch#write
Swtich#exit
```

② 配置 S8505 核心交换机

```
<S8505>system-view
[S8505]interface GigabitEthernet3/1/1
[S8505-GigabitEthernet3/1/1]port link-type trunk
[S8505-GigabitEthernet3/1/1]quit
[S8505]quit
<S8505>save
<S8505>quit
```

(3) 既支持路由又支持 Trunk 的工作模式

在局域网组建中，根据应用的需要，若某一个或某几个 VLAN 的覆盖范围为整个局域网络，或覆盖范围包含几幢楼宇，此时这些楼宇与核心交换机间的互联链路必须支持 Trunk 模式。

对于正在新建的局域网络，可将互联链路配置成 Trunk 模式，但数量不宜过多，多了会大大增加核心交换机的负荷。如果局域网络已经建成，原来的互联链路采用的是路由模式，只是现在要新增一个或几个 VLAN，这一个或几个 VLAN 要覆盖几幢楼宇，为避免网络出现大范围的重新配置，此时可将所涉及的这几幢楼宇与核心交换机间的互联链路配置成既支持路由又支持 Trunk 的工作模式。

既支持路由又支持 Trunk 的工作模式的配置实现关键点为：

① 用于实现互联的各端口，配置为 Trunk 模式，并配置指定允许通过该 Trunk 链路的 VLAN 号。允许通过的 VLAN 号要包含用于配置互联接口地址的 VLAN。

② 分别在互联的两台设备上创建一个 VLAN 号相同的 VLAN。按路由模式运行所需的互联接口地址配置在该 VLAN 接口上面。

③ 在互联的设备上配置路由。

【例 1.3】 假设 A 幢楼的汇聚层交换机为 Cisco 3550，互联端口为 G1/1；A 幢楼拥有的网络地址为 192.168.0.0/19；核心交换机为华为 S8505，互联端口为 G3/1/1；该对互联链路的互联接口地址采用 172.16.1.1/30 和 172.16.1.2/30。

B 幢楼的汇聚层交换机为华为 3526E，互联接口为 G1/1，核心交换机上与之互联的接口为 G3/1/2；该对互联链路的互联接口地址采用 172.16.1.5/30 和 172.16.1.6/30；B 幢楼拥有的网络地址为 192.168.8.0/19。

局域网现因业务需要，需要新增一个网段（VLAN 200，192.168.200.0/24，网关地址为 192.168.200.1），该网段用户分布在 A 幢楼宇和 B 幢楼宇。试对网络设备进行配置，将 A、B 幢楼宇与核心交换机的互联链路配置成既支持路由又支持 Trunk 的工作模式。

① 配置 A 幢的 Cisco 3550 汇聚层交换机

```
!进入交换机的配置模式
Switch#config t
!创建 vlan 201，用于设置互联接口地址
Switch(config)#vlan 201
Switch(config-vlan)#exit
!将 G1/1 重置为交换端口
Switch(config)#int G1/1
Switch(config-if)#switchport
!配置 G1/1 为 trunk 端口，封装协议采用 IEEE 802.1Q
Switch(config-if)#switchport mode trunk
Switch(config-if)#switchport trunk encapsulation dot1q
!配置仅允许 vlan 1、vlan 200 和 vlan 201 通过该 Trunk 链路
Switch(config-if)#switchport trunk allowed vlan 1,200,201
Switch(config-if)#exit
!选择 vlan201 的 vlan 接口，配置互联接口 IP 地址
Switch(config)#int vlan 201
Switch(config-if)#ip address 172.16.1.1 255.255.255.252
!原配置的路由不用修改。保存配置并退出
Switch(config-if)#end
Switch#write
Switch>exit
```

② 配置 B 幢楼的汇聚层交换机

```
<Switch>super
<Switch>system-view
!创建用于配置互联接口地址的 vlan 202
[Switch]vlan 202
[Switch-vlan202]quit
!选择 vlan202 的虚拟接口, 配置互联接口 IP 地址
[Switch]int Vlan-interface 202
[Switch-Vlan-interface202]ip address 172.16.1.5 255.255.255.252
[Switch]quit
!选择和配置互联接口 G1/1 为 trunk 模式
[Switch]int g1/1
[Switch-GigabitEthernet1/1]port link-type trunk
!配置允许通过该 trunk 链路的 vlan
[Switch-GigabitEthernet1/1]port trunk permit vlan 1 200 202
[Switch-GigabitEthernet1/1]quit
!配置默认路由
[Switch]ip route 0.0.0.0 0.0.0.0 172.16.1.6
!存盘退出
[Switch]quit
<Switch>save
<Switch>quit
```

③ 配置修改核心交换机 S8505

在核心交换机上，原来与 A 幢楼实现互联的接口地址配置在 vlan 10 的虚拟接口上。采用纯路由工作模式时，在互联的两台设备上，用于提供互联接口地址的 VLAN 号不相同。但在实现既支持路由又支持 Trunk 的工作模式的配置方案时，在两台互联设备上，用于提供互联接口地址的 VLAN 号必须相同。

根据新的规划，核心交换机与 A 幢楼汇聚层交换机的互联接口地址调整为使用 vlan 201 来提供，以前的配置核心交换机使用的是 vlan 10，因此必须先删除有关 vlan 10 的配置，再重新配置。

```
<S8505>super
<S8505>system-view
!选择 G3/1/1 端口, 删除对该端口 vlan 的划分
[S8505]int G3/1/1
[S8505-GigabitEthernet3/1/1]undo port access vlan
!配置该端口为 trunk 工作模式
[S8505-GigabitEthernet3/1/1]port link-type trunk
!配置该 Trunk 链路仅允许 vlan 1, vlan 200 和 vlan 201 通过
[S8505-GigabitEthernet3/1/1]port trunk permit vlan 1 200 201
!选择 G3/1/2 端口, 配置为 trunk 端口
[S8505-GigabitEthernet3/1/1]int G3/1/2
[S8505-GigabitEthernet3/1/2]port link-type trunk
!配置该 Trunk 链路仅允许 vlan 1, vlan 200 和 vlan 202 通过
[S8505-GigabitEthernet3/1/2]port trunk permit vlan 1 200 202
[S8505-GigabitEthernet3/1/2]quit
!删除 vlan 10
[S8505]undo vlan 10
!创建 vlan 201、vlan 202 和业务 vlan 200
```

```
[S8505]vlan 200
[S8505-vlan200]vlan 201
[S8505-vlan201]vlan 202
[S8505-vlan202]quit
!在 vlan 接口上分别配置用于互联的接口 IP 地址
[S8505]int Vlan-interface 201
[S8505-Vlan-interface201]ip address 172.16.1.2 255.255.255.252
[S8505-Vlan-interface201]int Vlan-interface 202
[S8505-Vlan-interface202]ip address 172.16.1.6 255.255.255.252
!配置业务 vlan 200 的 vlan 接口地址，该地址将成为 vlan 200 用户的网关地址
[S8505-Vlan-interface202]int Vlan-interface 200
[S8505-Vlan-interface200]ip address 192.168.200.1 255.255.255.0
[S8505-Vlan-interface200]quit
!增加配置到 B 幢楼的路由
[S8505]ip route 192.168.8.0 255.255.248.0 172.16.1.5
!到 A 幢楼的路由前面已配置，不用再配置
!保存配置并退出
[S8505]quit
<S8505>save
<S8505>quit
```

通过以上配置，A 幢楼的汇聚层交换机与核心交换机的互联链路、B 幢楼的汇聚层交换机与核心交换机间的互联链路就可既支持路由又支持 Trunk 的工作模式了。为减轻核心交换机的负荷，Trunk 链路仅允许业务 VLAN 200、VLAN 1，以及用于提供互联接口地址的 VLAN 201、VLAN 202 通过。

VLAN 200 的作用范围分布在 A 幢楼和 B 幢楼，因此，VLAN 200 的创建和 VLAN 接口地址的配置放在核心交换机上完成。

对局域网的组网结构、IP 地址规划和运作模式应很好地理解和掌握，这有助于对网络故障的诊断和分析。在学习本门课程之前，应已具备丰富的计算机网络理论基础知识，并已掌握交换机和路由器的配置方法和相关的配置指令。有关交换机和路由器的配置知识，可参阅冯昊和黄治虎编写的《交换机/路由器的配置与管理》(第 2 版)一书(清华大学出版社出版)。

1.3 网络设备简介

1.3.1 交换机简介

交换机是局域网组网中最常用的网络设备，用于实现用户的网络接入和数据的存储转发。交换机分为二层交换机和三层交换机。二层交换机工作在数据链路层，根据报文的目的 MAC 地址进行报文的存储转发。三层交换机既可工作在数据链路层，也可工作在网络层。接入层交换机一般采用二层交换机，汇聚层交换机和核心交换机都是三层交换机。交换机最主要的性能指标是背板带宽和包转发速率。

1. 交换机工作原理

交换机采用存储转发的原理进行工作。二层交换机维护和管理着一张 MAC 地址与交换机端口的对应表。在进行报文转发时，根据报文的目的 MAC 地址，在这张表中查询目标主机所连接的交换机端口，找到后，就直接将报文转发到该交换机端口。若在 MAC 地址表中找不到目标主机的 MAC 地址，则以广播方式发送报文，收到目标主机的回复报文后，交换机自动将该目标主机所连接的端口和 MAC 地址信息添加到 MAC 地址表中，下一次转发时将直接转发，而不再采用广播方式。因此，交换机对 MAC 地址和端口的对应关系具有自动学习功能。

2. MAC 地址表与端口的查询

为保持 MAC 地址与端口对应关系的及时更新，MAC 地址表中的 MAC 地址具有衰老期。在衰老期规定的时间内，若具有某一个 MAC 地址的主机没有任何报文收发，则该条 MAC 地址与端口的对应记录将被自动删除。

在日常的网络维护与管理中，经常需要查询具有某一个 MAC 地址的主机是连接在交换机的哪一个端口上的，此时可通过查看交换机的 MAC 地址表来实现。比如，通过网络故障诊断，发现了某一台计算机可能感染了病毒，正在大量发包攻击网络，造成网络阻塞，现要封禁该台计算机的网络接入。通过定位，找到了该台计算机的 MAC 地址，但不知道这台计算机的具体位置和使用者，此时需要根据 MAC 地址找出该台计算机所连接的交换机端口，找到后，将交换机的这个端口 shutdown，即可实现封禁该台计算机的网络接入。

对于 Cisco 或锐捷公司的交换机，可执行 show mac address-table 命令来查看 MAC 地址表。对于华为或华三公司的交换机，则执行 display mac-address 命令来查看，如图 1.2 所示。若知道 MAC 地址，要查询该 MAC 地址对应的端口，可在该命令后面带上该 MAC 地址参数，例如，display mac-address 0024-54d3-724d。

图 1.2　查询交换机维护的 MAC 地址与端口的对应关系

从图 1.2 可见，同一个端口下面可能对应着多个 MAC 地址，这说明该交换机端口下面连接着多台计算机或网络设备。图中所示的交换机是一台汇聚层交换机，每个端口下面级联着一台接入层交换机，因此，每个端口对应很多 MAC 地址。

在得知某台计算机的 MAC 地址的情况下，首先在汇聚层交换机上查询该 MAC 地址对应在哪一个端口上，然后到级联在该端口的二层交换机上查询该 MAC 地址，该 MAC 地址对应的端口，就是该台计算机所连接的具体端口。

3. 交换机端口简介

常用的交换机端口主要是电口和光口。交换机用于连接 RJ-45 水晶头的插口，由于工作信号是电信号，所以习惯上也称为电口。光口是光纤模块接口的简称，用于连接光纤。

汇聚层交换机与核心层交换机间的级联链路一般会超过 100 米，因此，多采用多模光纤或单模光纤来连接。此时，汇聚层交换机和核心层交换机必须配备多模光纤模块或单模光纤模块。

多模光纤要与多模光纤模块配合使用，单模光纤要与单模光纤模块配合使用。多模光纤不能与单模光纤模块、单模光纤不能与多模光纤模块配合使用。单模光纤跳线的外套颜色一般为黄色，多模光纤跳线的外套颜色一般为红色。

多模光纤配合多模光纤模块，标准传输距离一般为 550 米，超过该距离，应考虑使用单模光纤和单模光纤模块。优质的单模光纤配合长距离光纤模块，传输距离可达 70 千米左右。光纤的传输距离与光纤质量和配套使用的光纤模块的功率有关。

目前，交换机使用的光纤模块接口类型一般为 SFP(小型可拔插光纤接口)，与使用 LC 接头类型的光纤配合使用。早期的交换机使用 GBIC 接口类型的光纤模块，与使用 SC 接头类型的光纤配合使用。SFP 比 GBIC 小一倍，有助于提高设备的端口密度。

SFP 光纤模块和 GBIC 光纤模块的外观如图 1.3 所示。

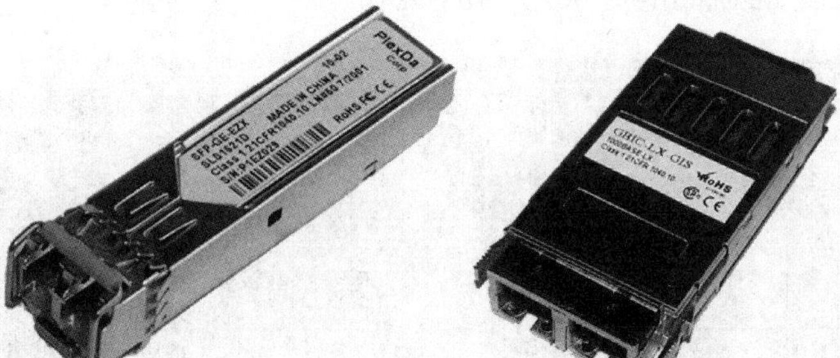

(a) SFP光纤模块　　(b) GBIC光纤模块

图 1.3　SFP 光纤模块与 GBIC 光纤模块

1.3.2 路由器简介

路由器主要用于网络的互联，可实现同类型或不同类型网络的互联。在局域网的组建中，路由器通常放置在局域网的边界，用于提供路由和网络地址转换(NAT)功能，以实现代理局域网用户访问因特网。

对于中小型局域网络，常使用中、低端路由器；对于用户数较多的大型局域网络，应采用中、高端的路由器，以提供高性能的 NAT 和路由功能。

目前，路由器最常用的接口类型主要是以太网接口，可以是电口，也可以是光口。

1.3.3　防火墙简介

防火墙属于网络安全设备，最主要的是报文过滤功能。防火墙一般同时具有路由和网络地址转换功能。因此，在组建局域网时，常使用防火墙来替代边界路由器，提供网络地址转换功能。

对于低端防火墙，LAN、WAN 和 DMZ 端口可能是固定的。对于中、高端防火墙设备，每个端口的功能并不固定，可根据应用需要进行灵活的配置定义。

锐捷 RG-WALL 1600T 防火墙属于高端防火墙，如图 1.4 所示。该款防火墙最大支持 250 万个 TCP 连接，能胜任大负荷、大用户数的网络连接访问请求。防火墙的每个端口均为三层端口，所连接的网络可通过配置自行定义。该款防火墙具有 4 个扩展插槽，可根据应用需要，扩展网络接口。

图 1.4　锐捷 RG-WALL 1600T 防火墙

1.3.4　网络设备的配置途径与配置方法

防火墙一般均提供了基于 Web 的配置页面。通过配置页面，可实现对防火墙的配置和管理。对于交换机和路由器，一般不采用 Web 配置页面来进行配置，而是通过 Console 口进行本地登录配置，或者通过 Telnet 进行远程登录配置。但首次配置时，必须通过 Console 口在本地进行登录配置。

1. 通过 Console 口进行配置

新购的设备首次配置时，必须通过 Console 口。由于设备还没有配置 IP 地址信息，因此无法通过 Telnet 进行远程登录配置。

(1) Console 口简介

交换机和路由器一般都提供一个名为 Console 的控制台端口(也称配置口)。该端口采用 RJ-45 接口，是一个符合 EIA/TIA 232 异步串行规范的配置口。通过该控制台端口，可实现对交换机的本地配置。

(2) 配置前的准备工作

在对交换机或路由器配置之前，应准备好配置线缆和超级终端程序。

交换机和路由器都随机配送了一根配置电缆，它是一根 8 芯屏蔽电缆，一端压接 RJ-45 插头，该端插入交换机或路由器的 Console 口中；另一端可能同时带有一个 DB-9 和 DB-25 的串行接口插头，用于连接计算机的 COM1 或 COM2 串行口。华为交换机配送的就是这种配置线。Cisco 的配置线两端均是 RJ-45 水晶接头，但配送有 RJ-45 到 DB-9、RJ-45 到 DB-25 的转接头，如图 1.5 所示。

图 1.5 配置线缆

目前，很多笔记本电脑都没有配置串行接口，只有少数特殊型号的笔记本电脑配置有串行接口。若笔记本电脑没有串行接口，可使用 USB 转串口适配器来提供。

Windows 操作系统自带有超级终端，该程序位于"开始"→"程序"→"附件"→"通讯"群组下面，若没有，可利用控制面板中的"添加/删除程序"来安装。单击"通讯"群组下面的"超级终端"，即可启动超级终端。

(3) 通过 Console 口登录交换机或路由器

将配置线缆的 RJ-45 接头插入交换机或路由器的 Console 接口中，另一端的 DB-9 插接到计算机的 COM 串口，然后启动超级终端程序，并按以下步骤进行配置，即可登录连接到交换机或路由器。在超级终端窗口中，通过命令行执行命令，可对交换机或路由器进行配置修改。

超级终端启动后，将显示如图 1.6 所示的对话框。在输入框中为本次连接设置一个名称，可任意输入，比如输入"Cisco"，然后单击"确定"按钮。在弹出的对话框中要求选择连接所使用的端口。在"连接时使用"下拉列表框中选择可用的串行接口，比如"COM1"，然后单击"确定"按钮，将弹出设置 COM1 端口的对话框。直接单击"还原为默认值"按钮，即采用端口的默认设置值，如图 1.7 所示。

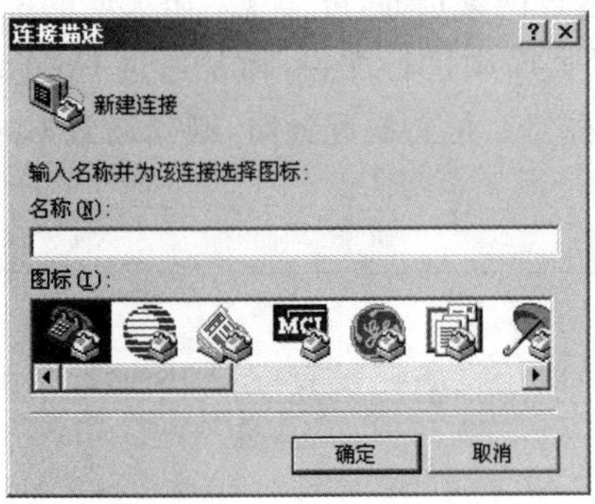

图 1.6 指定连接名称

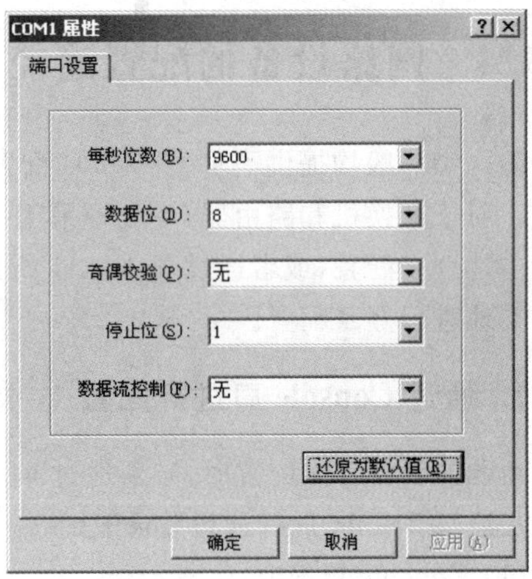

图 1.7 设置串口属性

交换机或路由器的 Console 口和计算机串口的默认通信速率为 9600bps，因此在配置超级终端时，应设置为 9600bps。对于通信速率的设置，超级终端、计算机串口和 Console 口这三者必须保持一致，否则在超级终端中将出现乱码。

对串口设置完成后，单击"确定"按钮，即完成了对超级终端的配置。此时，在超级终端的窗口中按 Enter 键，就会出现交换机的命令行提示符“Switch>”。如果重启交换机，整个交换机 IOS 操作系统的自解压和启动过程在超级终端中均可看到。登录连接成功后的超级终端窗口如图 1.8 所示。

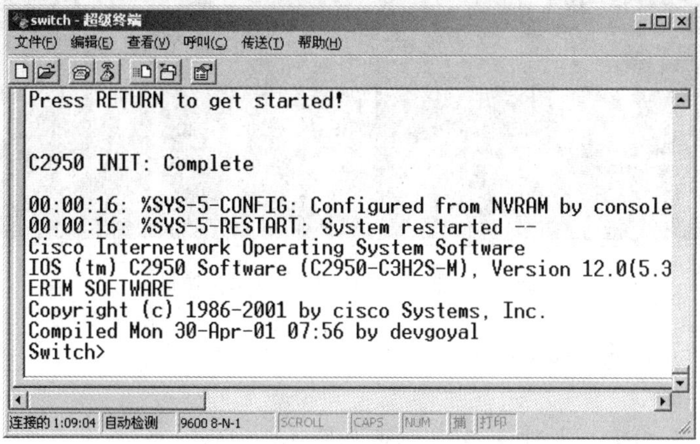

图 1.8　登录连接成功后的超级终端窗口

2. 利用 Telnet 虚拟终端配置

在首次通过 Console 口完成对交换机的配置，并进行了以下两方面的配置之后，交换机才允许 Telnet 远程登录。

① 对于二层交换机，配置了管理 IP 地址；对于三层交换机，至少有一个接口设置了 IP 地址。

② 配置了 vty(虚拟终端)的登录密码和进入特权模式的密码。

通过 Telnet 远程登录连接到交换机，若要进入特权配置模式，还必须设置进入特权模式的密码，否则无法进入特权模式，只能进入最低级别的用户模式。

对交换机或路由器进行 Telnet 登录配置有两种方式，一种是采用基于字符界面的 Telnet 命令来登录；另一种是采用基于图形界面的专业工具软件(比如 SecureCRT)来登录。图形界面对配置命令的浏览、复制、粘贴等操作更方便，同时便于对要登录的设备进行集中管理，推荐使用。

(1) 使用 Telnet 命令登录

Windows 系统提供了 Telnet 命令，利用该命令可方便地登录连接到交换机或路由器。

假如要登录连接到 IP 地址为 192.168.168.1 的交换机，则在 MS-DOS 的命令行中输入并执行“telnet 192.168.168.1”命令。若连接成功，会提示输入登录密码。密码校验成功后，就会出现交换机的命令提示符，如图 1.9 所示。

对于 Windows Server 2003 操作系统，利用 Telnet 登录成功后，在该字符窗口环境中，若要对配置命令进行拖选，应先在窗口环境中右击，在弹出的菜单中选择“标记”命令，之后就可以对要复制的内容进行拖选。拖选完成后，在窗口的标题栏右击，在弹出菜单的“编辑”菜单项下面有“复制”、“粘贴”等子菜单项可选。

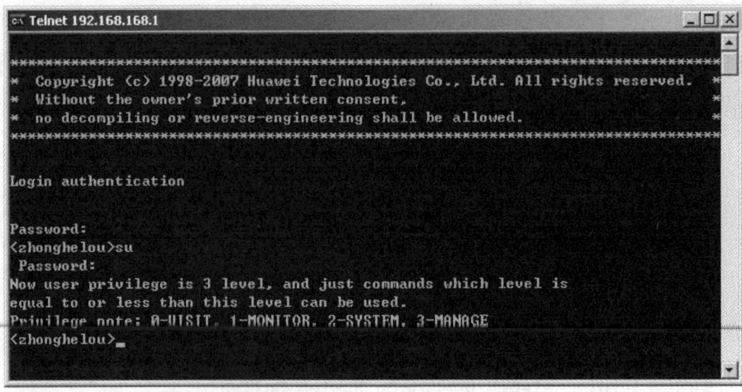

图 1.9　通过 Telnet 命令登录交换机

(2) 利用 SecureCRT 软件登录

① 软件主界面

安装并启动 SecureCRT 软件,其主界面如图 1.10 所示。

② 配置登录会话连接

在主界面中,单击第一个或第三个工具按钮,打开“连接”会话管理窗口,如图 1.11 所示。在该窗口的工具栏中,单击工具栏中的按钮(New Session),将打开连接会话向导。

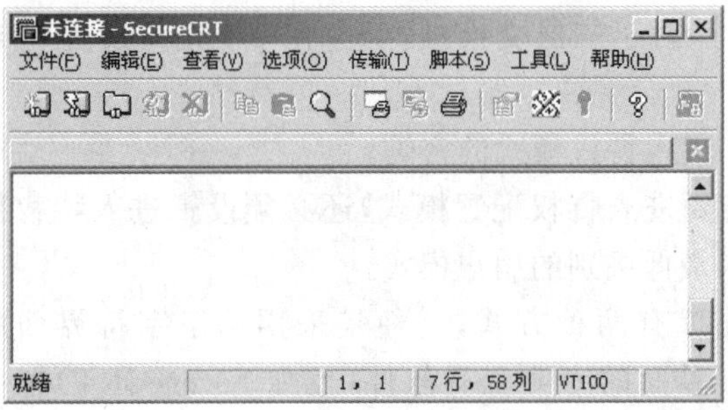

图 1.10　SecureCRT 主界面

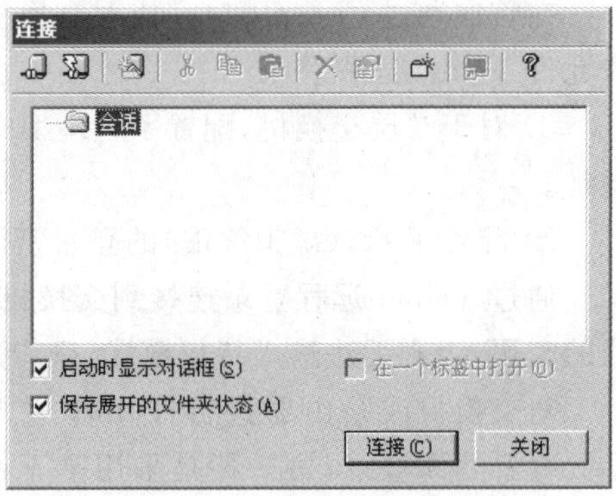

图 1.11　“连接”会话管理窗口

在弹出的“新建会话向导”对话框的“协议”下拉列表框中,选择 Telnet 协议,如图 1.12

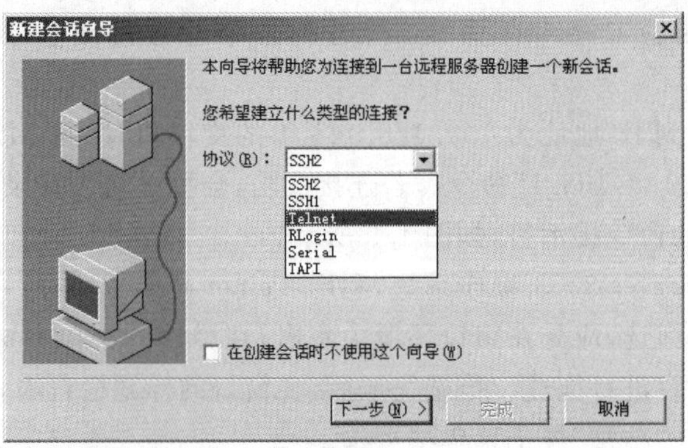

图 1.12　选择所使用的协议

所示。然后单击“下一步”按钮，此时将弹出如图 1.13 所示的对话框。在对话框中设置要登录设备的 IP 地址，然后单击“下一步”按钮。在接下来的对话框中，对本会话连接设置一个会话名称，以便于标识，比如设置会话名称为“综合楼汇聚层交换机”。最后单击“完成”按钮，即完成了对会话连接的创建。

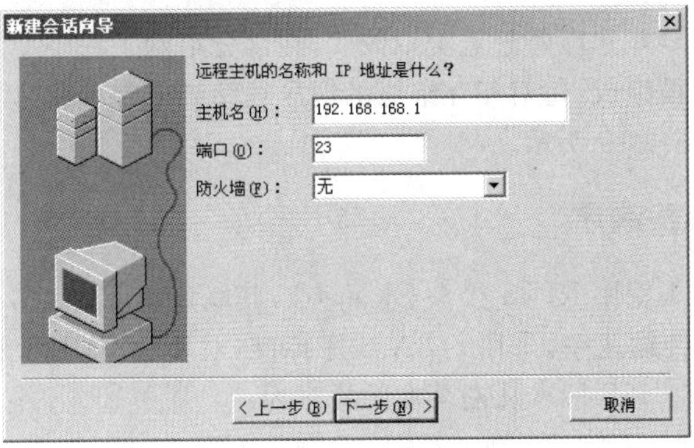

图 1.13　设置要登录设备的 IP 地址

会话连接创建成功后，该会话连接将显示在会话管理窗口中。

③ 登录连接网络设备

在会话管理窗口中，选择要连接的会话，然后单击会话管理窗口工具栏中的第一个按钮(Connect)，即可开始登录连接。连接成功后的界面如图 1.14 所示。

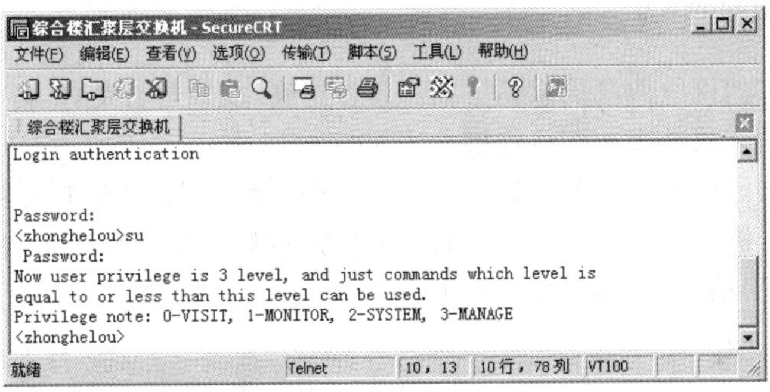

图 1.14　利用 SecureCRT 登录连接交换机

登录连接成功后，在该图形界面中，利用滚动条可以很方便地浏览内容，而且可直接对配置命令执行拖选、复制和粘贴操作，比字符界面环境操作更方便。

1.4　网络传输介质

网络传输介质分为有线传输介质和无线传输介质两大类。有线传输介质以双绞线和光纤使用较多。

1.4.1 双绞线与检测工具

1. 双绞线

目前最常用的主要是非屏蔽超五类双绞线，在部分组网工程中使用六类双绞线。

双绞线由4对电缆组成，每对相互绝缘的铜导线缠绕成螺旋状，以减少邻近线对引起的电磁干扰，其外观如图1.15所示。

2. 双绞线水晶头线序

双绞线的网络接头使用RJ-45接头（水晶头），其线序有EIA/TIA 568A和568B两种标准。对于10Mbps传输速率，采用568A线序标准；对于100Mbps和1000Mbps速率，应采用568B线序标准。568B标准从左至右的线序为：

1脚	2脚	3脚	4脚	5脚	6脚	7脚	8脚
白橙	橙	白绿	蓝	白蓝	绿	白棕	棕

对于直通线，两端均采用该线序来制作。对于交叉线，一端采用该线序，另一端采用以下线序制作，即1和3、2和6线序对换。

1脚	2脚	3脚	4脚	5脚	6脚	7脚	8脚
白绿	绿	白橙	蓝	白蓝	橙	白棕	棕

3. 双绞线测线仪

要检测制作好的网线两端的水晶头线序是否正确，接触是否良好，可使用双绞线测线仪进行测试检查。测线仪外观和测线连接方法如图1.16所示。

将一根网线两端的水晶头分别插在测线仪的两个终端上，然后打开测线仪的电源开关进行线序测试。若测线仪的两个终端上面的信号指示灯都从1至8依次对应闪烁，则线序正确、网线与水晶头接触良好，网线制作正确。

图1.15 双绞线

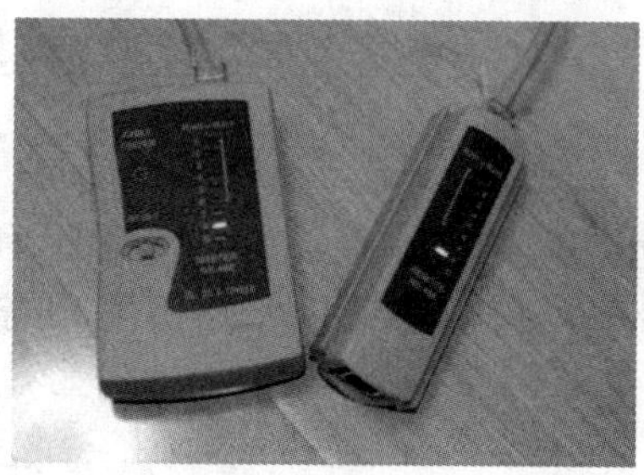

图1.16 测线仪外观和测线连接方法

1.4.2 光纤

光纤是光导纤维的简称，由纤芯、包层和保护层组成。光纤成对使用，一根用于接收数据，一根用于发送数据。光纤的纤芯只有头发丝粗细，一根光缆通常封装多对至上百对光纤。

光纤具有带宽高、数据传输速率高、无电磁辐射、抗干扰能力强、传输距离远等优点。光纤分单模光纤和多模光纤两种。

一根光缆通常封装有多对光纤，这些光纤还没有光纤接头，必须将每根光纤利用光纤熔接机，将光纤与成品尾纤（尾纤的一端已制作好光纤接头）进行熔接，熔接处放在光纤终端盒中。

尾纤通过光纤适配器（Fiber Adapter，又称法兰盘）与光纤跳线连接，光纤跳线再接入网络设备。光纤跳线两端的接口类型根据需要，可以任意搭配。常见的有 SC-SC、ST-ST、FC-FC、LC-LC、ST-LC、ST-FC、FC-SC、SC-LC 等类型的光纤跳线。

1.4.3　无线传输介质与无线协议

无线局域网（Wireless LAN，WLAN）采用无线传输介质。无线传输介质主要有红外线和微波，工作频率主要为 2.4GHz 或 5GHz。

无线局域网常用的协议主要有 IEEE 802.11b、IEEE 802.11g（802.11g＋）和 IEEE 802.11n，通信速率分别可达 11Mbps、54Mbps（108Mbps）、300Mbps。

除了基于以太网的无线局域网外，还有基于移动通信的无线网络。目前最常用的主要是依靠 3G 移动通信技术来实现。3G 是第三代移动通信技术的简称，具有支持高速数据传输的蜂窝移动通信功能。3G 的主要特征是可提供移动宽带多媒体业务，3G 与 2G 的主要区别是在传输语音和数据的速度上有所提升。

国际电信联盟确定了三个 3G 标准，分别是美国的 CDMA2000，欧洲的 WCDMA，中国的 TD-SCDMA。目前中国电信采用 CDMA2000 标准，中国联通采用 WCDMA 标准，中国移动采用 TD-SCDMA 标准。

1.5　网络故障诊断命令

在对网络故障进行诊断分析的过程中，常用的命令主要有 ping、tracert、netstat 和 nslookup。

1. ping

ping 命令用于检查从源主机到目标主机之间的网路是否通畅，是否有丢包现象，以及网路延迟时间的大小情况。这是最常使用的一个命令，其命令语法为：

```
ping [命令参数] 目标主机 IP 地址
```

ping 命令的可选参数较多，下面仅介绍最常用的几个参数的功能和用法。

(1) -t 参数：一直 ping 目标主机，直到用户按 Ctrl＋C 组合键为止。

若用户主机到网关地址不通，在对网路进行检查之前，可一直 ping 网关地址，然后对网路进行检查。若网路通了，会立即反映出来。假设要一直 ping 192.168.168.1的网关地址，则在用户主机的命令行执行以下命令：

```
C:\>ping 192.168.168.1 -t
```

(2) -n *count* 参数：指定 ping 命令发送多少个检测报文，默认为 4 个。若要发送 5 个检测报文，则命令为：

```
ping 192.168.168.1 -n 5
```

(3) -l *size* 参数：指定 ping 命令发送的检测报文的字节大小，默认为 32 字节。假设发送 10 个 2048 字节大小的检测报文，则命令为：

```
ping 192.168.168.1 -n 10 -l 2048
```

2. tracert

ping 命令只能用于检查网路是否通畅，但无法确定出故障点。要诊断出网路故障的大致位置，可使用 tracert 命令。

tracert 用于路由追踪，可将报文转发的节点和所经过的路径依次显示出来，有助于发现网路不通的故障点位置，其命令语法为：

```
tracert [命令参数] 目标主机 IP 地址
```

命令参数常用的主要是“-d”参数。该参数的功能是不将地址解析为主机名，可加快追踪的速度。

例如，若要追踪从用户主机到 202.202.0.35 地址，则操作命令为：

```
tracert -d 202.202.0.35
```

3. nslookup

nslookup 用于检查域名解析是否正常。在命令行执行“nslookup”，即可进入 nslookup 命令的交互模式。在该交互模式，通过发布相关命令，可检查域名解析是否正常。

```
C:\>nslookup
Default Server:  cache2-jb.cqnetcom.com.cn
Address:  221.5.203.98
>www.pcnetedu.com                        ←输入要检查的域名
Server:  cache2-jb.cqnetcom.com.cn
Address:  221.5.203.98

Non-authoritative answer:                ←回答的信息为非授权信息
Name:    www.pcnetedu.com
Address:  61.186.170.109                 ←域名解析出的 IP 地址，说明域名解析正常
```

若不使用默认的域名服务器进行域名解析，而要用指定的域名服务器来进行域名解析，那么可在交互模式下，使用 server 命令来指定域名服务器。

例如，若要设置 202.202.0.33 域名服务器作为解析服务器，并测试 www.cqu.edu.cn 域名解析是否正常，则操作方法如下所示：

```
>server 202.202.0.33                    ←设置域名解析所用的服务器
Default Server:  [202.202.0.33]
Address:  202.202.0.33
>www.cqu.edu.cn
Server:  [202.202.0.33]
Address:  202.202.0.33

Name:    www.cqu.edu.cn
Address:  202.202.0.35
>exit                                   ←退出交互模式，结束域名解析的诊断测试
```

习　题　1

1. 以下关于交换式局域网的规划设计的描述，不正确的是(　　)。
   A. 通常采用三层式结构来规划设计交换式局域网
   B. 接入层交换机由于数量多，通常采用端口密度大的二层交换机
   C. 汇聚层交换机采用三层交换机，网段的划分通常在汇聚层交换机上实现
   D. 汇聚层交换机与核心层交换机之间的链路，只能采用路由模式

2. 在相隔有一定距离的两幢楼中，有部分用户属于同一个网段，则这两幢楼的汇聚层交换机与核心层交换机间的上联链路的工作模式应采用(　　)。
   A. 路由模式
   B. Trunk 模式
   C. 配置成既支持路由又支持 Trunk 的工作模式
   D. 配置成 B 或者 C 选项的工作模式均可以

3. 以下关于 VLAN 配置的描述，不正确的是(　　)。
   A. 一个 VLAN 就相当于一个网段
   B. VLAN 接口的 IP 地址就是属于该 VLAN 的网段用户的网关地址
   C. VLAN 接口的 IP 地址必须是该网段的第一个有效的 IP 地址
   D. 如果没有配置 VLAN 接口的 IP 地址，则属于该 VLAN 的用户无法进行网间通信

4. 对于三层交换机，若要配置物理端口的 IP 地址，以下配置方法中，不正确的是(　　)。
   A. 对于 Cisco 或锐捷公司的三层交换机，在接口配置模式下，执行“no switchport”命令将端口设置为三层端口，然后使用“ip address”命令设置端口的 IP 地址即可
   B. 对于华为或华三公司的三层交换机，在接口配置模式下，执行“undo switchport”命令将端口设置为三层端口，然后使用“ip address”命令设置端口的 IP 地址即可
   C. 对于 Cisco 或锐捷公司的三层交换机，首先创建一个 VLAN，并在该 VLAN 接口上配置 IP 地址，然后将要配置 IP 地址的端口划归属于该 VLAN 即可

D. 对于华为或华三公司的三层交换机，首先创建一个 VLAN，并在该 VLAN 接口上配置 IP 地址，然后将要配置 IP 地址的端口划归属于该 VLAN 即可

5. 以下关于局域网 IP 地址规划设计的描述，正确的是（　　）。

A. 各幢楼的 IP 网段的分配尽量做到连续，并最好能进行网段的聚合表达，以减少后期的路由配置工作量

B. 各幢楼的 IP 网段必须是连续的网段

C. 一个网段的子网掩码必须是 255.255.255.0

D. 局域网用户只能使用以 192.168 开头的 IP 地址

6. 以下关于交换机的描述，不正确的是（　　）。

A. 交换机采用存储转发的原理进行工作，交换机内部维护着一张 MAC 地址与端口的对应表，其对应关系具有老化期

B. 交换机的任意两个端口都相当于是一个两端口的网桥

C. 二层交换机根据目标 MAC 地址进行数据帧的转发

D. 交换机 MAC 地址表中的 MAC 地址是交换机端口自己的 MAC 地址，每一个端口都有一个 MAC 地址

7. 对于 Cisco 或锐捷公司的交换设备，查看 MAC 地址表的命令为（　　）。

A. show mac　　B. show mac address-table

C. display mac-address　　D. show mac-address

8. 对于 Cisco 或锐捷公司的交换设备，若要查看所有端口的状态，可使用（　　）命令来实现。

A. show interface status　　B. display interface status

C. show status　　D. display status

9. 以下设备中，不支持路由功能的是（　　）。

A. 二层交换机　　B. 三层交换机　　C. 防火墙　　D. 路由器

10. 对网络设备的配置，以下描述不正确的是（　　）。

A. 对于交换机或路由器设备，首次配置时应通过 Console 口

B. Console 口默认的通信波特率为 9600

C. 交换机或路由器配置好 IP 地址后，就一定可以使用 Telnet 命令进行远程登录

D. 可以使用 Telnet 命令或者 SecureCRT 软件来远程登录和维护管理交换机

11. 以下关于双绞线的描述，不正确的是（　　）。

A. 若要支持 100Mbps 或 1000Mbps 传输速率，双绞线在制作水晶头时，必须采用 EIA/TIA 568B 标准的线序

B. 传输速率越高，双绞线的有效传输距离越近

C. EIA/TIA 568A 标准的双绞线序只支持 10Mbps 的传输速率

D. 双绞线也可支持万兆的传输

12. 以下关于光纤及其使用的描述，不正确的是（　　）。

A. 光纤分为单模光纤和多模光纤

B. 光纤模块分为单模光纤模块和多模光纤模块

C. 光纤模块的接口有两个，一个用于接收光，另一个用于发送光

D. 单模光纤的传输距离不如多模光纤

13. 以下关于笔记本电脑进行无线上网的描述,正确的是(　　)。

A. 目前的笔记本电脑都配置有支持 IEEE 802.11b/g/n 协议的无线网卡,因此,可在有 3G 手机信号的任何地方无线上网

B. 笔记本电脑若想通过电信的天翼 3G 手机信号无线上网,该电脑必须配置支持 CDMA2000 标准的 3G 无线网卡

C. 笔记本电脑若想通过电信的天翼 3G 手机信号无线上网,该电脑必须配置支持 WCDMA 标准的 3G 无线网卡

D. 笔记本电脑若想通过电信的天翼 3G 手机信号无线上网,该电脑必须配置支持 TD-SCDMA 标准的 3G 无线网卡

14. 若要诊断网路是否通畅,是否掉包,可使用的诊断命令是(　　)。

A. ping　　B. tracert　　C. netstat　　D. nslookup

15. 若网路不通,要诊断出故障点的大体位置,可使用的诊断命令是(　　)。

A. ping　　B. tracert　　C. netstat　　D. nslookup

第2章 路由故障的诊断与处理

因缺乏相关路由而导致网络不通的故障，是网络故障中比较常见的一类。对这类故障的诊断分析和解决处理有一定的技术难度，需要对整个网络的拓扑结构和运作方式有较深入的了解。本章通过一个具体的网络故障案例，详细介绍这类故障的诊断分析步骤和解决处理方法。

2.1 路由故障的诊断与处理步骤

对路由故障的诊断与测试，关键在于找出故障点范围，再根据请求报文的报头信息（源IP地址和目标IP地址），结合故障点范围内三层设备的路由表分析，找出所缺少的路由或回程路由，实现对故障的解决处理。

对路由故障的诊断分析，可遵循以下步骤和方法来进行。

(1) 从用户主机或某一网络设备ping目标主机或目标网络设备。若能ping通，说明源主机或源网络设备到目标主机或目标网络设备之间的网路通畅。若不能ping通，则使用tracert命令进行路由追踪，确定网路中的故障点范围。

(2) 根据请求报文出去的目标IP地址，沿报文出去的路径，在故障点范围内的各三层设备上依次查看路由表信息，重点检查有没有请求报文要到达的目标网络的路由。若某一台三层设备上有请求报文要到达的目标网络的路由，则继续沿出去的路径检查相邻的下一台三层设备上面是否也有相关的路由。按照这种检查方式，一路查找分析下去，直到报文要到达的目标主机为止。

在沿请求报文出去的路径进行诊断分析的过程中，如果发现某一台三层设备上没有相应的路由，则添加相应的路由；路由添加后，再进行ping测试，若能ping通，则故障点找到，故障解决。

如果在请求报文出去的路径上，各三层设备的路由配置正确，请求报文能正确到达目标主机或目标网络设备，则按步骤(3)，从响应报文回来的路径，进行路由分析和故障诊断。

(3) TCP建立连接是双向的，有去就有回。如果请求报文能正确到达目标主机，接下来就可诊断分析响应报文回来的路径上，各三层设备是否都配置好了回程路由。

在路由故障中，很多情况下，都是忘了配置回程路由，或者回程路由配置不正确，导致响应报文无法正确路由回源主机，使TCP连接无法建立，最终导致网络链路不通畅。在分析响应报文的回程路由配置是否正确时，注意响应报文的目标IP地址，是请求报文的源IP地址。在响应报文回来的路径上，逐一检查各三层设备上是否有到目标网络的回程路由。如果在该诊断检查过程中，发现有三层设备上缺乏相应的回程路由，则添加相应的回程路由，再重新进行 ping 测试。如果此时能 ping 通，则故障原因找到，故障即得到解决。

如果响应报文回来的路径上，回程路由配置正确，响应报文理论上应能回到发起访问请求的源主机，但仍无法 ping 通，或某项应用服务仍无法访问，则按步骤(4)进行诊断分析。

(4) 增加考虑报文的目标端口和源端口号，分别沿请求报文出去的路径和响应报文回来的路径，诊断分析是否有三层设备上的 ACL 报文过滤规则，禁止了 icmp 报文通过或禁止访问某一目标端口。

(5) 如果网络上的三层设备上没有配置 ACL 报文过滤规则，或者 ACL 报文过滤规则没有做相关方面的限制，则接下来分别检查源主机和目标主机的防火墙设置。

目前，由于用户主机的操作系统内置了基于软件的防火墙，该防火墙在默认情况下处于开启状态，这会导致无法 ping 通用户主机，或者某项应用服务无法正常访问。这一点，在故障检查和诊断分析的过程中容易被忽视。比如，Windows XP 和 Windows 7 系统都是内置有防火墙的。

2.2 路由故障诊断与处理实例

2.2.1 路由故障实例网络拓扑结构

1. 案例的网络拓扑结构

假设某学校的校园网络拓扑结构如图 2.1 所示。该所学校由校本部和一所分校构成，校本部与分校实现互联互通，分校有独立的互联网出口，分校同时接入当地的教育城域网。

由于各部分网络的建设时期不相同，网络地址没有统一规划设计。校本部校园网络使用的网络地址为 192.168.0.0/16，分校使用的网络地址为 10.8.0.0/21。当地教育城域网使用的网络地址为 10.200.0.0/16，教育城域网的管理机构为该所分校分配使用的网络地址为 10.200.11.0/24。

在图 2.1 所示的网络拓扑结构中，中心交换机与 RouterA 路由器之间的互联、RouterA 路由器与因特网服务商(区级电信)之间的互联、中心交换机与 RouterB 路由器之间的互联、RouterB 路由器与教育城域网之间的互联、中心交换机与区级电信的 MPLS 链路之间的互联、市电信与校本部之间的 MPLS 链路的互联，都采用路由模式。

2. 互联接口地址规划

三层设备互联的接口地址应使用与用户主机所使用的 IP 地址不相同的网段地址。如果用户主机使用 192.168.0.0/16、10.0.0.0/8 这些 IP 地址，则接口地址通常可使用 172.16.0.0/16～172.31.0.0/16 这类私网地址。

在实际应用中，由于一对互联接口所要使用的 IP 地址只有 2 个，不同的互联接口组使用的 IP 地址必须是不同的网段。因此，通常采用一个 C 类地址，通过划分成只有 4 个 IP 地址的子网，每个子网的地址用于一个互联接口组。在本案例中，各互联接口的地址采取

172.16.0.0/24 网段，通过子网划分来提供。

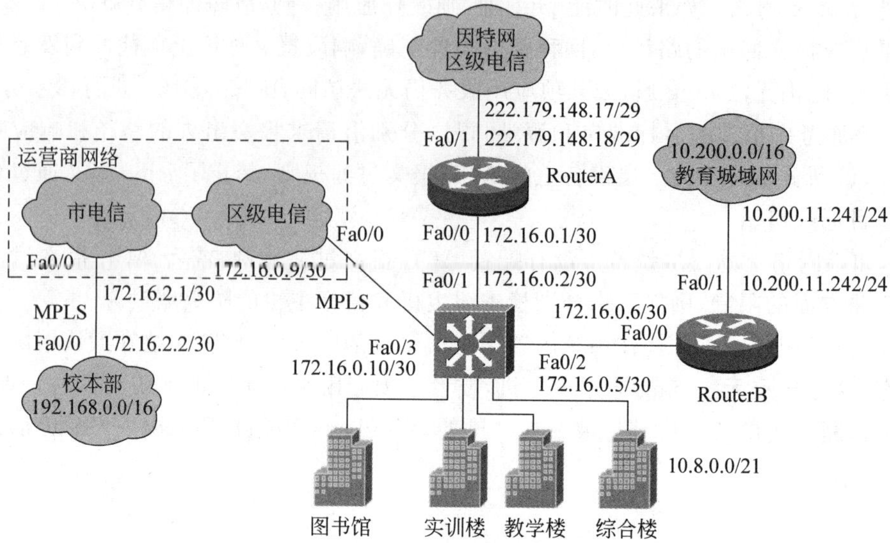

图 2.1　案例的网络拓扑结构

2.2.2　配置构建路由故障实训环境

1. 搭建网络实训环境

采用 Cisco Packet Tracer 5.0 软件来构建如图 2.1 所示的网络故障实训拓扑结构，搭建好的网络环境如图 2.2 所示。

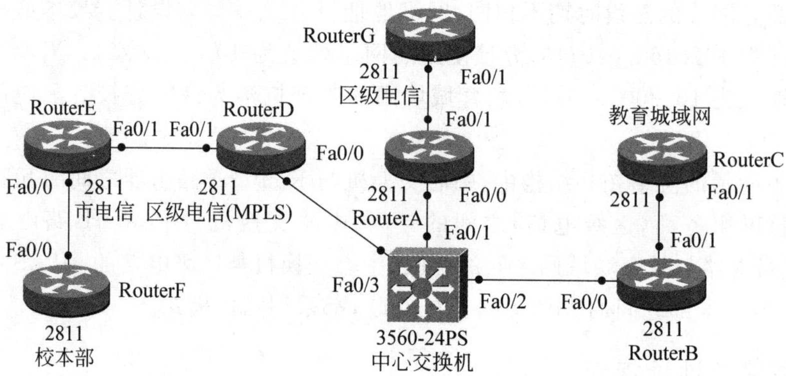

图 2.2　搭建好的网络实训拓扑结构

2. 配置互联接口 IP 地址

要使互联的三层设备能互联互通，必须分别在互联的接口上配置互联接口 IP 地址，并在三层设备上配置出去的路由和响应报文回来的回程路由。

(1) 配置中心交换机接口地址

根据图 2.1 所示对接口地址的规划，下面配置中心交换机的互联接口 IP 地址。

```
Switch>
!进入特权模式
Switch>enable
!进入配置模式
Switch#config terminal
!启用 IP 路由协议
Switch(config)#ip routing
!选择要配置的接口
Switch(config)#interface fastEthernet 0/1
!配置为三层端口
Switch(config-if)#no switchport
!配置接口 IP 地址
Switch(config-if)#ip address 172.16.0.2 255.255.255.252
!下面用同样的方法，配置 Fa0/2 和 Fa0/3 接口的 IP 地址
Switch(config-if)#interface fastEthernet 0/2
Switch(config-if)#no switchport
Switch(config-if)#ip address 172.16.0.5 255.255.255.252
Switch(config-if)#interface fastEthernet 0/3
Switch(config-if)#no switchport
Switch(config-if)#ip address 172.16.0.10 255.255.255.252
!退出接口配置模式，返回特权模式
Switch(config-if)#end
!保存配置
Switch#write
!退出特权模式
Switch#exit
```

Cisco 和锐捷公司的三层交换机可以设置为三层端口，然后直接在该接口上设置 IP 地址。华为和华三公司的三层交换机的端口不能直接设置为三层端口，IP 地址只能设置在 VLAN 接口上。因此，此处所讲的配置方法仅适用于 Cisco 和锐捷公司的交换机。

对于华为和华三公司的三层交换机，要设置互联接口的 IP 地址，其方法是：新建一个 VLAN，然后将接口的 IP 地址设置在 VLAN 接口上，最后将用于互联的接口划归到该 VLAN。

(2) 配置 RouterA 路由器的 Fa0/0 接口地址

```
Router>enable
!进入配置模式
Router#config terminal
!设置路由器主机名
Router(config)#hostname RouterA
!选择要配置的接口
RouterA(config)#interface fastEthernet 0/0
!配置接口 IP 地址
RouterA(config-if)#ip address 172.16.0.1 255.255.255.0
!下面配置 Fa0/1 接口的地址
RouterA(config-if)#interface fastEthernet 0/1
```

```
RouterA(config-if)#ip address 222.179.148.18 255.255.255.248
!退出接口配置模式，返回特权模式
RouterA(config-if)#end
!保存配置
RouterA#write
!退出特权模式
RouterA#exit
```

3. 配置路由与回程路由

对于三层设备自己的接口，在设置 IP 地址并启用接口后，设备会自动添加路由到路由表中，不需要用户添加配置路由。因此，位于同一台三层设备上的各接口间是可以相互通达的。

配置好接口地址后，接下来就应根据该接口能通达的目标网络地址添加路由和回程路由，以实现互联互通。

(1) 配置中心交换机的路由

中心交换机的出口有三个，因此要配置三条路由。到因特网的路由配置成默认路由，其下一跳地址应是 RouterA 路由器与之互联的接口地址。其余两条根据所能通达的目标网络地址，配置成静态路由。

① 配置到因特网的路由。因特网的网络地址众多，因此，到因特网的路由最好配置成默认路由，其配置命令为：

```
ip route 0.0.0.0 0.0.0.0 172.16.0.1
```

② 配置访问校本部网络的路由。分校的局域网用户访问校本部内网资源时，通过 MPLS 链接来访问。因此，在该分校的中心交换机上，必须添加配置到校本部校园网络(192.168.0.0/16)的路由，该路由的下一跳地址应配置为与该中心交换机互联的服务商(ISP)端的 RouterD 路由器的互联接口地址(172.16.0.9/30)，其配置命令为：

```
ip route 192.168.0.0 255.255.0.0 172.16.0.9
```

③ 配置访问教育城域网的路由。校本部给该分校分配的网络地址是 10.8.0.0/21，即 10.8.0.0/24～10.8.7.0/24。之后，教育城域网给该分校分配使用的网络地址是 10.200.11.0/24。

由于校本部和教育城域网给该学校分配的 IP 地址属于不同网段，该分校访问校本部网络时，用户主机的 IP 地址必须设置为 10.8.0.0/21 网段的地址；而访问教育城域网的资源时，又必须设置为 10.200.11.0/24 网段的地址，这就给用户使用网络带来很大的不便。为此，可采用以下方案来解决：

该分校用户使用校本部所分配的 10.8.0.0/21 网段地址。访问教育城域网时，使用 RouterB 路由器进行网络地址转换(NAT)，将地址转换为 10.200.11.242。

因此，要实现对教育城域网资源的访问，首先应在该分校的中心交换机上配置一条到 RouterB 路由器的静态路由，然后在 RouterB 路由器上配置网络地址转换和到教育城域网的默认路由。默认路由的下一跳地址配置为 10.200.11.241。

在中心交换机上，为访问教育城域网，所应配置的路由为：

```
ip route 10.200.0.0 255.255.0.0 172.16.0.6
```

综上所述，在中心交换机上，路由配置命令如下所示：

```
Switch#config terminal
Switch(config)#ip route 0.0.0.0 0.0.0.0 172.16.0.1
Switch(config)#ip route 192.168.0.0 255.255.0.0 172.16.0.9
Switch(config)#ip route 10.200.0.0 255.255.0.0 172.16.0.6
Switch(config)#end
Switch#write
Switch#exit
```

(2) 配置 RouterA 路由器的路由与回程路由

RouterA 路由器应配置一条出去到因特网的默认路由和一条响应报文回来的回程路由。默认路由的下一跳指向因特网服务商(ISP)的互联接口地址(222.179.148.17/29)；回程路由的下一跳指向中心交换机的互联接口地址(172.16.0.2/30)。

```
RouterA>enable
RouterA#configure terminal
RouterA(config)#ip route 0.0.0.0 0.0.0.0 222.179.148.17
RouterA(config)#ip route 10.8.0.0 255.255.248.0 172.16.0.2
RouterA(config)#end
RouterA#
```

通过以上路由和回程路由的配置后，局域网用户通过中心交换机和 RouterA 路由器到因特网的这条网路就通畅了。中心交换机与 RouterA 路由器就实现了互联互通。

(3) 配置校本部 RouterF 路由器，添加到分校的回程路由

在校本部校园网络中，对用于与分校互联的 RouterF 路由器上，进行以下配置，实现添加到分校的路由。

```
Router>enable
Router#configure terminal
Router(config)#hostname RouterF
!配置互联接口的 IP 地址
RouterF(config)#interface fastEthernet 0/0
RouterF(config-if)#ip address 172.16.2.2 255.255.255.252
RouterF(config-if)#exit
!配置静态路由
RouterF(config)#ip route 10.8.0.0 255.255.248.0 172.16.2.1
RouterF(config)#end
RouterF#write
RouterF#exit
```

经过以上配置，校本部与分校的互联链路就通畅了。市电信与区级电信的路由器配置，由电信服务商负责完成。

(4) 在 RouterB 路由器上，配置到教育城域网的默认路由和回程路由

```
Router>enable
Router#config terminal
!配置路由器的主机名
```

```
Router(config)#hostname RouterB
!选择要配置的接口
RouterB(config)#interface fastEthernet 0/0
!配置接口的 IP 地址
RouterB(config-if)#ip address 172.16.0.6 255.255.255.252
!选择要配置的接口
RouterB(config-if)#interface fastEthernet 0/1
!配置接口的 IP 地址
RouterB(config-if)#ip address 10.200.11.242 255.255.255.0
!退出接口配置模式，返回配置模式
RouterB(config-if)#exit
!配置到教育城域网的默认路由
RouterB(config)#ip route 0.0.0.0 0.0.0.0 10.200.11.241
!配置回分校内网的回程路由
RouterB(config)#ip route 10.8.0.0 255.255.248.0 172.16.0.5
!退出配置模式，回到特权模式
RouterB(config)#end
!保存配置
RouterB#write
!退出特权模式
RouterB#exit
```

在教育城域网的 RouterC 路由器上，还必须添加配置到该分校的回程路由，由教育城域网的网络管理人员完成。其路由配置命令应为：

```
Router>enable
Router#config terminal
Router(config)#hostname RouterC
RouterC(config)#interface fastEthernet 0/1
RouterC(config-if)#ip address 10.200.11.241 255.255.255.0
RouterC(config-if)#exit
!配置到该分校的路由
RouterC(config)#ip route 10.200.11.0 255.255.255.0 10.200.11.242
RouterC(config)#end
RouterC#write
RouterC#exit
```

经过以上路由和回程路由的配置后，该分校到教育城域网的网络也就通畅了。

(5) 电信运营服务商应做的相关配置

为使本网络工程能正常运行，电信服务商还必须对 RouterD、RouterE 和 RouterG 路由器进行相应的配置。

① 配置 RouterD 路由器。代码如下：

```
Router>enable
Router#config terminal
Router(config)#hostname RouterD
!选择 fa0/0 接口，并配置接口 IP 地址
RouterD(config)#interface fastEthernet 0/0
RouterD(config-if)#ip address 172.16.0.9 255.255.255.252
!选择 fa0/1 接口，并配置接口 IP 地址为 172.16.2.5，对端为 172.16.2.6
```

```
RouterD(config-if)#interface fastEthernet 0/1
RouterD(config-if)#ip address 172.16.2.5 255.255.255.252
!退出接口配置模式，返回配置模式
RouterD(config-if)#exit
!配置到校本部的路由和回程路由
RouterD(config)#ip route 192.168.0.0 255.255.0.0 172.16.2.6
RouterD(config)#ip route 10.8.0.0 255.255.248.0 172.16.0.10
!保存配置并退出
RouterD(config)#end
RouterD#write
RouterD#exit
```

② 配置 RouterE 路由器。代码如下：

```
Router>enable
Router#config terminal
Router(config)#hostname RouterE
!选择 fa0/1 接口，并配置接口 IP 地址为 172.16.2.6，对端为 172.16.2.5
RouterE(config)#interface fastEthernet 0/1
RouterE(config-if)#ip address 172.16.2.6 255.255.255.252
!选择 fa0/0 接口，配置接口 IP 地址为 172.16.2.1，对端为 172.16.2.2
RouterE(config-if)#interface fastEthernet 0/0
RouterE(config-if)#ip address 172.16.2.1 255.255.255.252
!退出接口配置模式，返回配置模式
RouterE(config-if)#exit
!配置到校本部的路由和回程路由
RouterE(config)#ip route 192.168.0.0 255.255.0.0 172.16.2.2
RouterE(config)#ip route 10.8.0.0 255.255.248.0 172.16.2.5
!保存配置并退出
RouterE(config)#end
RouterE#write
RouterE#exit
```

③ 配置 RouterG 路由器。由于该分校申请到的公网 IP 地址网段为 222.179.148.16/29，共 8 个 IP 地址，因此需要在 RouterG 路由器上配置到 222.179.148.16/29 网络的路由。RouterG 路由器的互联接口(Fa0/1)的接口地址应设置为 222.179.148.17/29，该地址也就成为该分校网络访问因特网的网关地址。

```
Router>enable
Router#config terminal
Router(config)#hostname RouterG
RouterG(config)#interface fastEthernet 0/1
RouterG(config-if)#ip address 222.179.148.17 255.255.255.248
RouterG(config-if)#exit
RouterG(config)#ip route 222.179.148.16 255.255.255.248 222.179.148.17
RouterG(config)#end
RouterG#write
RouterG#exit
```

完成以上配置后，该网络工程的三层设备互联的配置工作就完成了，三层设备间就能实现互联互通了。

4. 添加测试机，进一步完善实训网络环境

为便于测试网络的通畅性和进行网络故障的诊断分析，下面对因特网、校本部网络、教育城域网和分校内网各添加一台主机，来代表该网络中的主机，以供访问、测试之用。

在 Cisco Packet Tracer 5.0 实训环境中，在图 2.2 的基础上添加用户主机之后的网络拓扑结构如图 2.3 所示。

(1) 配置测试机的 IP 地址及网关地址

按图 2.3 所示，对 PC0、PC1、PC2 和 Server0 测试机分别配置 IP 地址与网关地址。对于与路由器直接相连的测试机，其网关地址设置为与之互联的路由器的接口地址。对于连接在中心交换机 Fa0/4 端口的 PC1 测试机，其网关地址设置为所在 VLAN 的 VLAN 接口地址(10.8.0.1)。

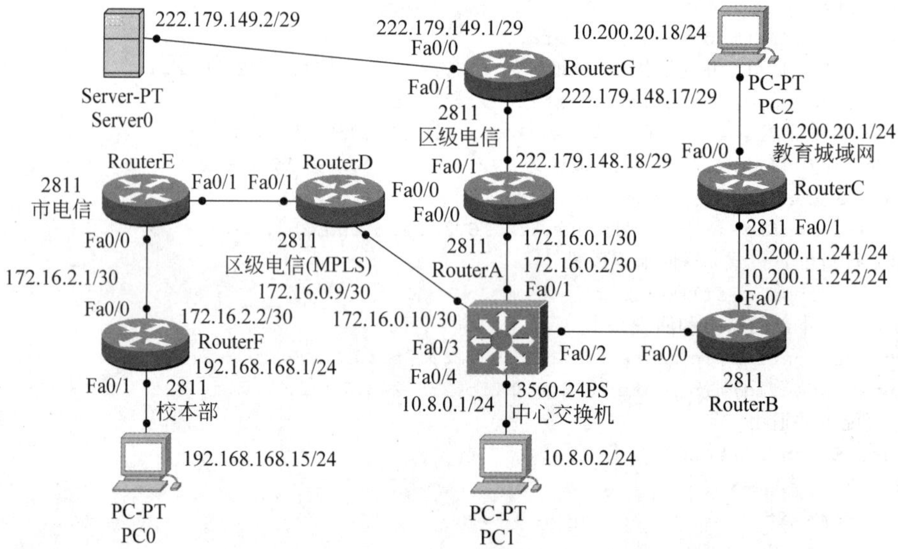

图 2.3 添加用户主机之后的网络拓扑结构

(2) 配置与测试机相连的路由器的接口地址，并在中心交换机上创建 VLAN

① 配置 RouterF 路由器

```
RouterF#config terminal
RouterF(config)#interface fastEthernet 0/1
RouterF(config-if)#ip address 192.168.168.1 255.255.255.0
RouterF(config-if)#end
RouterF#write
RouterF#exit
```

② 配置 RouterG 路由器

```
RouterG#config terminal
RouterG(config)#interface fastEthernet 0/0
RouterG(config-if)#ip address 222.177.149.1 255.255.255.248
RouterG(config-if)#end
RouterG#write
```

```
RouterG#exit
```

③ 配置 RouterC 路由器

```
RouterC#config terminal
RouterC(config)#interface fastEthernet 0/0
RouterC(config-if)#ip address 10.200.20.1 255.255.255.0
RouterC(config-if)#end
RouterC#write
RouterC#exit
```

④ 在中心交换机上创建 VLAN，并将测试机所连接的 Fa0/4 端口划入该 VLAN

```
Switch#config terminal
!创建 VLAN 号为 10 的 VLAN
Switch(config)#vlan 10
!为该 VLAN 命名，用作 VLAN 用途描述
Switch(config-vlan)#name teachergroup
Switch(config-vlan)#exit
!将 fa0/4 端口划入该 VLAN
Switch(config)#interface fastEthernet 0/4
Switch(config-if)#switchport access vlan 10
!下面配置 VLAN 接口的 IP 地址，以实现 VLAN 间的互访
!选择要配置的 VLAN 接口
Switch(config-if)#interface vlan 10
!配置 VLAN 接口的 IP 地址，该地址就是该网段内的用户的网关地址
Switch(config-if)#ip address 10.8.0.1 255.255.255.0
!保存配置并退出
Switch(config-if)#end
Switch#write
Switch#exit
```

添加测试机，并对测试机进行相关配置后，整个网络运行环境就完整了，接下来就可以进行网络通畅性测试，检查网络配置和运行是否正常。

2.2.3　网络通畅性测试与路由追踪

网络通畅性测试使用 ping 命令来实现。若能 ping 通，且没有丢包现象，则网路通畅，网络运行正常。若无法 ping 通，可进行路由追踪，以进一步确定故障点，缩小故障点范围。另外，也要注意检查三层设备的 ACL 报文过滤规则，检查在规则中是否禁止了 ping 报文通过。

1. 测试分校与校本部网络的互访

下面在 PC1 主机中测试能否访问校本部内网中的 PC0 主机。在测试之前，首先 ping PC1 主机的网关地址，看能否 ping 通；若能 ping 通，再 ping PC0 主机的 IP 地址；若还能 ping 通，说明分校到校本部的网路通畅。

(1) 在 PC1 主机的命令行执行下列代码,ping PC1 主机的网关地址。

```
PC>ping 10.8.0.1
Pinging 10.8.0.1 with 32 bytes of data:
Reply from 10.8.0.1: bytes=32 time=31ms TTL=255
Reply from 10.8.0.1: bytes=32 time=31ms TTL=255
Reply from 10.8.0.1: bytes=32 time=31ms TTL=255
Reply from 10.8.0.1: bytes=32 time=31ms TTL=255

Ping statistics for 10.8.0.1:
    Packets: Sent=4, Received=4, Lost=0 (0% loss),
Approximate round trip times in milli-seconds:
    Minimum=31ms, Maximum=31ms, Average=31ms
PC>
```

从输出信息可见，PC1 主机到网关的网路通畅。

(2) ping PC0 主机的 IP 地址，检查到校本部网络的网路通畅性。

```
PC>ping 192.168.168.15
Pinging 192.168.168.15 with 32 bytes of data:
Reply from 192.168.168.15: bytes=32 time=141ms TTL=124
Reply from 192.168.168.15: bytes=32 time=141ms TTL=124
Reply from 192.168.168.15: bytes=32 time=156ms TTL=124
Reply from 192.168.168.15: bytes=32 time=112ms TTL=124

Ping statistics for 192.168.168.15:
    Packets: Sent=4, Received=4, Lost=0 (0%  loss),
Approximate round trip times in milli-seconds:
    Minimum=112ms, Maximum=156ms, Average=137ms
PC>
```

从输出信息可见，分校到校本部网络的网路通畅，网络运行正常。下面在 PC1 主机上，追踪到校本部网络报文所走的路径。

```
PC>tracert 192.168.168.15
Tracing route to 192.168.168.15 over a maximum of 30 hops:
  1  32ms    31ms    31ms    10.8.0.1
  2  63ms    47ms    63ms    172.16.0.9
  3  78ms    93ms    78ms    172.16.2.6
  4  110ms   125ms   110ms   172.16.2.2
  5  125ms   156ms   141ms   192.168.168.15
Trace complete.
PC>
```

从输出信息可见,PC1 主机所发出的报文首先到达自己的网关地址(10.8.0.1),即到达中心交换机,然后由中心交换机路由转发到 RouterD 路由器的 Fa0/0 接口(172.16.0.9),接下来由 RouterD 路由器负责将该报文路由转发到 RouterE 的 Fa0/1 接口(172.16.2.6),又由 RouterD 路由器负责将该报文路由转发到 RouterF 路由器的 Fa0/0 接口(172.16.2.2)。经过以上路由转发,报文到达与 PC0 主机直连的 RouterF 路由器。最后,由 RouterF 路由器将报文路由转发给 PC0 主机。

从以上追踪情况可见，报文所走的路径正常，网路通畅，网络运行正常。

(3) 在 PC0 主机中，ping PC1 主机的 IP 地址，检查校本部校园网用户能否访问该分校的校园网络。

```
PC>ipconfig
IP Address........................: 192.168.168.15
Subnet Mask.......................: 255.255.255.0
Default Gateway...................: 192.168.168.1
PC>ping 10.8.0.2
Pinging 10.8.0.2 with 32 bytes of data:
Reply from 10.8.0.2: bytes=32 time=141ms TTL=124
Reply from 10.8.0.2: bytes=32 time=125ms TTL=124
Reply from 10.8.0.2: bytes=32 time=157ms TTL=124
Reply from 10.8.0.2: bytes=32 time=125ms TTL=124

Ping statistics for 10.8.0.2:
    Packets: Sent=4, Received=4, Lost=0 (0%  loss),
Approximate round trip times in milli-seconds:
    Minimum=125ms, Maximum=157ms, Average=137ms
PC>
```

从输出信息可见，网路通畅，校本部与分校的校园网络之间能互相访问。

2. 检测分校与教育城域网的互访

在 PC1 主机中，ping 位于教育城域网中的 PC2 主机，检查网路是否通畅。

```
PC>ipconfig
IP Address........................: 10.8.0.2
Subnet Mask.......................: 255.255.255.0
Default Gateway...................: 10.8.0.1
PC>ping 10.200.20.18
Pinging 10.200.20.18 with 32 bytes of data:
Request timed out.
Request timed out.
Request timed out.
Request timed out.
Ping statistics for 10.200.20.18:
    Packets: Sent=4, Received=0, Lost=4 (100%  loss),
PC>
```

从输出信息可见，该条网路不通。下面进行路由追踪，确定故障点的大致位置。

```
PC>tracert 10.200.20.18
Tracing route to 10.200.20.18 over a maximum of 30 hops:
1   31ms   31ms   32ms   10.8.0.1
2   63ms   47ms   48ms   172.16.0.6
3   *      *      *      Request timed out.
4   *      *      *      Request timed out.
5   *      *      *      Request timed out.
6   *      *      *      Request timed out.
7   *      *      *      Request timed out.
```

从输出信息可见，网路通达一部分。报文能正确到达 RouterB 路由器的 Fa0/0 接口(172.16.0.6)，后面部分不能通达，说明故障点在 RouterB 路由器与 PC2 主机之间。对该条链路的故障诊断与分析，将在 2.2.4 小节进行。

3. 检测分校用户对因特网的访问

在 PC1 主机中，ping 因特网中的 Server0 服务器，检查到因特网的网路是否通畅。

```
PC>ping 222.177.149.2
Pinging 222.177.149.2 with 32 bytes of data:
Request timed out.
Request timed out.
Request timed out.
Request timed out.

Ping statistics for 222.177.149.2:
    Packets: Sent=4, Received=0, Lost=4 (100%  loss),
PC>
```

从输出信息可见，分校内网到因特网的网路也不通。下面进行路由追踪，确定故障点的大致位置。

```
PC>tracert 222.177.149.2
Tracing route to 222.177.149.2 over a maximum of 30 hops:
1  31ms  32ms  31ms  10.8.0.1
2  62ms  62ms  63ms  172.16.0.1
3  *     *     *     Request timed out.
4  *     *     *     Request timed out.
5  *     *     *     Request timed out.
6  *     *     *     Request timed out.
```

从输出信息可见，网路通达一部分，报文能正确到达 RouterA 路由器的 Fa0/0 接口(172.16.0.1)；从中心交换机出来所走的路径正确，但链路的后续部分不能通达，说明故障点在 RouterA 路由器与 Server0 服务器之间。对该条链路的故障诊断与分析，将在 2.2.4 小节进行。

2.2.4 路由故障的诊断分析与处理

在局域网组建和维护管理中，路由故障是最主要的网络故障之一，所占比例较高。这类故障产生的原因主要集中在缺乏相应的路由或回程路由，或者是由用户主机 IP 地址设置不正确、网关地址配置不正确或没有设置网关地址所致。

在前面的网络工程案例中，实现了分校与教育城域网之间的互联互通，但分校与教育城域网之间、分校与因特网之间的网路都无法 ping 通，本小节针对这两条链路的网络故障进行详细的诊断分析，找出故障点和故障原因，并给出故障的解决办法。

1. 诊断分析分校与教育城域网之间的网络链路故障

在前面对故障的诊断检测中，初步诊断出网络故障范围为 RouterB 路由器至 PC2 主机之间的网路。

下面，在 PC2 主机中检查其 IP 地址设置和网关地址设置是否正确，然后 ping 其网关地址 10.200.20.1。若能 ping 通网关地址，则故障范围缩小为 RouterB 路由器与 RouterC 路由器之间。

(1) 查看 PC2 主机的 IP 地址和网关地址设置是否正确。

```
PC>ipconfig
IP Address.........................: 10.200.20.18
Subnet Mask.......................: 255.255.255.0
Default Gateway.................: 10.200.20.1
```

从输出信息可见，PC2 主机 IP 地址和网关地址设置正确。下面 ping 网关地址进行检测。

```
PC>ping 10.200.20.18
Pinging 10.200.20.18 with 32 bytes of data:
Reply from 10.200.20.18: bytes=32 time=15ms TTL=128
Reply from 10.200.20.18: bytes=32 time=0ms TTL=128
Reply from 10.200.20.18: bytes=32 time=15ms TTL=128
Reply from 10.200.20.18: bytes=32 time=16ms TTL=128

Ping statistics for 10.200.20.18:
    Packets: Sent=4, Received=4, Lost=0 (0%  loss),
Approximate round trip times in milli-seconds:
    Minimum=0ms, Maximum=16ms, Average=11ms
PC>
```

从输出信息可见，PC2 主机到 RouterC 路由器之间的网路通畅，说明故障范围在 RouterB 与 RouterC 路由器之间。

(2) 沿分校访问教育城域网的请求报文出去的路径，在 RouterB 与 RouterC 之间检查出去的路由配置是否正确。

进入 RouterB 路由器的特权模式，使用 show run 命令查看该路由器的路由配置情况。从配置信息可见，该路由器配置了 2 条路由，其路由配置命令如下：

```
ip route 0.0.0.0 0.0.0.0 10.200.11.241
ip route 10.8.0.0 255.255.248.0 172.16.0.5
```

第一条路由为访问请求报文出去的默认路由，其下一跳地址为 10.200.11.241，即 RouterC 路由器的 Fa0/1 接口地址。根据该条路由，访问请求报文是可以成功到达 RouterC 路由器的。由于 PC2 主机与 RouterC 路由器直连，因此，访问请求报文能成功到达 PC2 主机。第二条路由为响应报文回分校网络的回程路由。

从中可知，RouterB 路由器的路由配置是正确的，没有问题。

(3) 沿响应报文回来的路径，检查 RouterC 与 RouterB 路由器的路由配置。

PC2 主机收到访问请求报文后，其响应报文的目标地址将是 10.8.0.2。接下来，在路由器上重点检查是否有到 10.8.0.0/24 网络的回程路由。

PC2 主机的响应报文首先被送达到自己的网关地址（10.200.20.1），即 RouterC 的

Fa0/0 接口。这样,响应报文就到达了 RouterC 路由器,接下来由 RouterC 路由器负责路由转发。

在 RouterC 路由器的特权模式,使用 show run 命令查看路由配置情况,其路由配置命令为:

```
ip route 10.200.11.0 255.255.255.0 10.200.11.24
```

从中可见,该路由器仅配置了一条到 10.200.11.0/24 网络的路由,并没有到 10.8.0.0/24 网络的路由。因此,响应报文到达 RouterC 路由器后无法再被路由转发,导致响应报文无法被路由到发起访问请求的 PC1 主机,使 TCP 连接无法建立,导致链路不通,无法正常工作。

(4) 在 RouterC 路由器添加回程路由,验证网络故障原因。

找到链路不通的故障原因后,下面在 RouterC 路由器上添加一条到 10.8.0.0/21 网络的路由。添加后,若该条链路通了,证明故障原因是缺乏回程路由。

进入 RouterC 路由器的配置模式,执行以下路由添加的配置命令:

```
RouterC>enable
RouterC#config terminal
RouterC(config)#ip route 10.8.0.0 255.255.248.0 10.200.11.242
RouterC(config)#end
RouterC#write
RouterC#exit
```

添加回程路由后,下面在 PC1 主机中重新 ping PC2 主机的 IP 地址,检查能否 ping 通。

```
PC>ping 10.200.20.18
Pinging 10.200.20.18 with 32 bytes of data:
Reply from 10.200.20.18: bytes=32 time=125ms TTL=125
Reply from 10.200.20.18: bytes=32 time=125ms TTL=125
Reply from 10.200.20.18: bytes=32 time=125ms TTL=125
Reply from 10.200.20.18: bytes=32 time=125ms TTL=125

Ping statistics for 10.200.20.18:
    Packets: Sent=4, Received=4, Lost=0 (0%  loss),
Approximate round trip times in milli-seconds:
    Minimum=125ms, Maximum=125ms, Average=125ms
PC>
```

从输出信息可见,此时能 ping 通了,网络链路工作正常,故障原因找到。下面重新追踪路由,查看所走的路径信息。

```
PC> tracert 10.200.20.18
Tracing route to 10.200.20.18 over a maximum of 30 hops:
1  31ms   16ms   31ms   10.8.0.1
2  62ms   62ms   48ms   172.16.0.6
3  94ms   94ms   94ms   10.200.11.241
4  110ms  125ms  125ms  10.200.20.18
Trace complete.
```

从输出信息可见，报文所走的路径是正确的。

(5) 网络故障的解决方案。在以上网络故障验证方案中，通过在 RouterC 路由器添加到 10.8.0.0/21 网络的回程路由，解决了网络链路不通的故障。但在实际的本网络工程应用案例中，不能在 RouterC 路由器上添加该条回程路由。这是因为 RouterC 路由器属于教育城域网的路由器，对路由器的配置管理是由教育城域网的网络管理人员来完成的。更重要的原因是，教育城域网给该分校分配使用的网段地址是 10.200.11.0/24 网段，因此，教育城域网只会在 RouterC 路由器上添加到 10.200.11.0/24 网络的路由，不会添加到 10.8.0.0/21 网络的路由。另外，对于 10.8.0.0/21 这个网络地址，教育城域网管理中心可能将其分配给其他学校使用。

那么，如何实现在 RouterC 路由器上不添加到 10.8.0.0/21 网络的路由，而使网路畅通呢？

分析：由于教育城域网分给该分校使用的网络地址是 10.200.11.0/2，因此在 RouterC 路由器上是有到 10.200.11.0/2 网络的回程路由的。

分校内网用户不管使用什么 IP 地址，访问请求报文都是可以到达教育城域网的，因为出去的路由是根据目标网络地址来配置的，关键的问题是，响应报文回来的回程路由受限。

找到故障产生的根源后，在 RouterB 路由器与 RouterC 路由器互联的接口可配置使用 10.200.11.0/24 网段的某一个地址，比如 10.200.11.242/24。然后，在访问请求报文离开 RouterB 路由器时，对报文进行网络地址转换(NAT)，将报文的源 IP 地址替换修改为路由器的 Fa0/1 接口地址(10.200.11.242)。这样，响应报文的目标地址是 10.200.11.242。由于 RouterC 路由器上有到达该网络的路由，因此响应报文能正常路由到 RouterB 路由器。响应报文到达 RouterB 路由器后，RouterB 再对接收到的响应报文进行目标地址的替换修改，将报文的目标地址修改为发起访问请求的源主机的 IP 地址。修改了目标地址的报文经 RouterB 路由器路由转发后，最终到达发起访问请求的源主机，访问成功，网络链路能正常工作了。

因此，本网络故障的解决方案就是在 RouterB 路由器上进行网络地址转换。

下面删除前面测试时在 RouterC 路由器上添加的那一条路由，然后在 RouterB 路由器上进行网络地址转换，以解决该网络故障。

① 配置 RouterC 路由器，删除测试时所添加的路由。

```
RouterC#config terminal
RouterC(config)#no ip route 10.8.0.0 255.255.248.0 10.200.11.242
RouterC(config)#end
RouterC#write
RouterC#exit
```

② 在 RouterB 路由器上进行网络地址转换。

```
RouterB>enable
RouterB#config terminal
!下面首先配置指定内网接口和外网接口
!将 Fa0/1 配置指定为外网接口
RouterB(config)#interface fastEthernet 0/1
RouterB(config-if)#ip nat outside
```

```
!将 fa0/0 配置指定为内网接口
RouterB(config)#interface fastEthernet 0/0
RouterB(config-if)#ip nat inside
RouterB(config-if)#exit
!接下来配置 ACL 规则,指定哪些网段的主机允许进行网络地址转换
RouterB(config)#access-list 1 permit 10.8.0.0 0.0.7.255
!进行网络地址转换,将内网用户发出的报文的源地址替换为 fa0/1 接口的地址
RouterB(config)#ip nat inside source list 1 interface fastEthernet 0/1 overload
!保存并退出配置
RouterB(config)#end
RouterB#write
RouterB#exit
```

在 RouterB 路由器上进行网络地址转换后,再在 PC1 主机 ping PC2 主机的 IP 地址。此时可以 ping 通,说明网路通畅,故障得到圆满解决。

在 ping PC2 主机之后,立即查看 RouterB 路由器的网络地址转换表(NAT 表),可以查看到用户的内网地址(10.8.0.2)与 10.200.11.242 地址间的转换关系,如图 2.4 所示。

NAT Table for RouterB

Protocol	Inside Global	Inside Local	Outside Local	Outside Global
icmp	10.200.11.242	10.8.0.2	10.200.20.18	10.200.20.18
icmp	10.200.11.242	10.8.0.2	10.200.20.18	10.200.20.18
icmp	10.200.11.242	10.8.0.2	10.200.20.18	10.200.20.18
icmp	10.200.11.242	10.8.0.2	10.200.20.18	10.200.20.18

图 2.4 RouterB 路由器的 NAT 表

Inside Local 代表局域网用户所使用的内网地址;Inside Global 代表内网用户的地址要转换成的地址。Outside Local 和 Outside Global 代表内网用户所要访问的目标主机的地址。

2. 诊断分析分校与因特网之间的网络链路故障

在前面的网络诊断测试中,分校的内网用户无法 ping 通因特网的主机,内网用户也无法访问因特网主机。下面详细分析故障原因和解决办法。

(1) 故障原因分析

因特网中的服务器与因特网互联的通畅性不用考虑,故障的诊断分析重点放在用户的局域网络与因特网接入服务商之间。

在中心交换机上配置了默认路由,其下一跳指向 RouterA 路由器的 Fa0/0 接口地址。在 RouterA 路由器上也配置了默认路由,其默认路由的下一跳指向因特网接入服务商的 RouterG 路由器的 Fa0/1 接口地址(222.179.148.17)。因此,局域网用户的访问请求报文是可以顺利到达因特网接入服务商的 RouterG 路由器的。

对于使用私网地址的局域网用户所发出的访问请求报文,其源地址是私网地址,请求报文被路由到达因特网接入服务商的路由器之后,该报文就会被路由器丢失,不会被路由转发,这就是使用私网地址的局域网用户无法直接访问因特网的真实原因。

私网地址只能在局域网中使用，不能在因特网中使用，因特网中的路由器会直接丢弃源地址或目标地址是私网地址的报文。

(2) 故障解决方案

弄清了故障的真实原因后，那么如何来解决局域网用户无法直接访问因特网的问题呢？解决方法是：在局域网与因特网接入服务商互联的边界路由器(RouterA)上，在与因特网互联的外网接口(Fa0/1)上使用所申请到的合法的公网地址。然后，在该边界路由器(RouterA)上进行网络地址转换，对于局域网内网用户所发出的访问请求报文，在其离开边界路由器进入因特网之前，将报文中的私有地址替换为路由器外网接口的公网地址。这样，访问请求报文的源地址就是一个合法的公网地址。报文进入因特网之后，就可以被因特网中的路由器路由转发，最终到达所要访问的目标主机(服务器)。

目标主机的响应报文回到边界路由器后，路由器会自动对报文进行目标地址的替换修改，将其替换为原来发起访问请求的内网主机的地址，实现响应报文的重定向，响应报文就能最终到达原发起访问请求的内网主机，访问获得成功。在整个过程中，发起访问请求的主机并不知道发生过网络地址转换这一细节，对用户主机而言，该过程是透明的，就好像它是在直接访问一样。

这种解决方案就是通常所说的透明代理，代理服务器的实质就是进行网络地址转换(NAT)。

(3) 在 RouterA 路由器上配置网络地址转换，解决网络故障

```
RouterA>enable
RouterA#config terminal
!将 fa0/1 配置指定为外网接口
RouterA(config)#interface fastEthernet 0/1
RouterA(config-if)#ip nat outside
!将 fa0/0 配置指定为内网接口
RouterA(config)#interface fastEthernet 0/0
RouterA(config-if)#ip nat inside
RouterA(config-if)#exit
!接下来配置 ACL 规则，指定哪些网段的主机允许进行网络地址转换
RouterA(config)#access-list 1 permit 10.8.0.0 0.0.7.255
!进行网络地址转换，将内网用户发出的报文的源地址替换为 fa0/1 接口的地址
RouterA(config)#ip nat inside source list 1 interface fastEthernet 0/1 overload
!保存并退出配置
RouterA(config)#end
RouterA#write
RouterA#exit
RouterA>
```

通过在 RouterA 路由器上进行网络地址转换，局域网的内网用户就应该可以访问因特网了，该条链路应该能正常工作了。下面对该链路的通畅性进行测试。

在 PC1 主机中，ping 因特网中的 Server0 服务器的 IP 地址，若能 ping 通，则链路通畅，网络故障得到解决。

```
PC>ping 222.177.149.2
Pinging 222.177.149.2 with 32 bytes of data:
```

```
Reply from 222.177.149.2: bytes=32 time=94ms TTL=125
Reply from 222.177.149.2: bytes=32 time=111ms TTL=125
Reply from 222.177.149.2: bytes=32 time=125ms TTL=125
Reply from 222.177.149.2: bytes=32 time=122ms TTL=125

Ping statistics for 222.177.149.2:
    Packets: Sent=4, Received=4, Lost=0 (0% loss),
Approximate round trip times in milli-seconds:
    Minimum=94ms, Maximum=125ms, Average=113ms
PC>
```

从输出信息可见，网路通畅。下面追踪路由，检查所走的路径是否正确。

```
PC>tracert 222.177.149.2
Tracing route to 222.177.149.2 over a maximum of 30 hops:
1   32ms    31ms    31ms    10.8.0.1
2   63ms    63ms    50ms    172.16.0.1
3   94ms    63ms    94ms    222.179.148.17
4   125ms   125ms   110ms   222.177.149.2
Trace complete.
PC>
```

从输出信息可见，报文所走的路径正确。下面在 PC1 主机中打开其 Web Browser 浏览器，检查能否正常访问因特网中的 Server0 服务器的 Web 服务。

在浏览器的地址栏中输入地址"http://222.177.149.2"，然后按 Enter 键或单击浏览器地址栏中的 Go 按钮，可访问到 Server0 服务器上的测试网页，显示效果如图 2.5 所示。从输出信息可见，访问获得成功，链路故障得到解决。

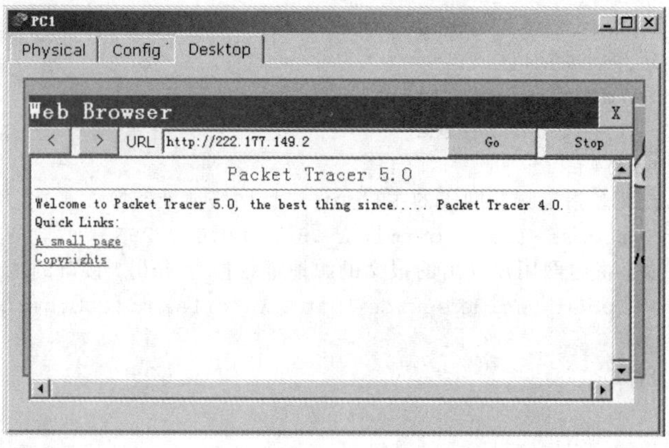

图 2.5　内网用户访问因特网中的 Web 服务

访问网页后，下面查看 RouterA 路由器的 NAT 表，检查网络地址的转换情况，结果如图 2.6 所示。在访问网页时，由于刷新了网页一次，在图 2.6 中将显示 2 条 NAT 转换记录。

路由器在进行 NAT 转换时，会将私网地址及端口号与公网地址及端口号之间的转换关系记录保存在 NAT 表中，以供响应报文回来时，进行报文目标地址的替换修改，实现报文的重定向，将报文送达到原发起访问请求的局域网内的主机。

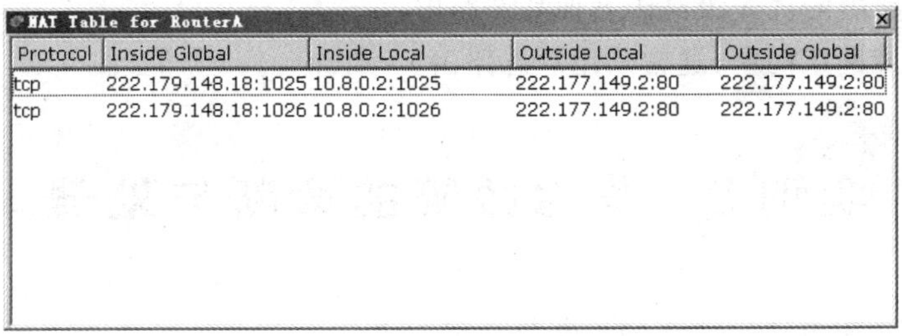
NAT Table for RouterA

Protocol	Inside Global	Inside Local	Outside Local	Outside Global
tcp	222.179.148.18:1025	10.8.0.2:1025	222.177.149.2:80	222.177.149.2:80
tcp	222.179.148.18:1026	10.8.0.2:1026	222.177.149.2:80	222.177.149.2:80

图 2.6 RouterA 路由器的 NAT 表

到此为止，整个网络工程案例组建完成，存在的网络故障全部诊断分析出来并得到圆满解决。

习 题 2

1. 三层网络设备要实现互联互通，互联链路的工作模式可采用(　　)。
   A. 配置成 Trunk 链路　　B. 采用路由模式
   C. 直接用直通线连接　　D. 直接用交叉线连接
2. 要将一个网段地址划分为只有 4 个 IP 地址的子网，其子网掩码应采用(　　)。
   A. 255.255.255.0　　B. 255.255.255.248
   C. 255.255.255.252　　D. 255.255.255.255
3. 以下 IP 地址中，不属于私网地址的是(　　)。
   A. 172.16.30.2　　B. 10.0.0.0/8
   C. 192.168.0.0/16　　D. 172.33.2.5
4. 使用私网地址的局域网用户无法直接访问因特网的原因是(　　)。
   A. 因特网中的路由器会丢弃含有私网地址的报文，不会进行路由转发
   B. 路由器不会转发含有私网地址的报文
   C. 三层交换机不会转发含有私网地址的报文
   D. 使用私网地址不能访问因特网，必须使用合法的公网地址才能访问因特网
5. 以下命令中，常用来诊断测试网路的通畅性的命令是(　　)。
   A. ping　　B. tracert　　C. nslookup　　D. ipconfig
6. 以下命令中，可实现路由追踪检测功能的命令是(　　)。
   A. ping　　B. tracert　　C. nslookup　　D. ipconfig
7. 如果一台主机能 ping 通自己的 IP 地址，网关地址已设置，但无法 ping 通自己的网关地址，则最有可能的原因是(　　)。
   A. 网卡工作不正确　　B. IP 地址和网关地址设置错误
   C. 用户主机与交换机之间的线路不通　　D. 计算机无网卡
8. 以下关于路由的描述中，正确的是(　　)。
   A. 只有路由器，才能配置和支持路由功能
   B. 对于一台路由器，根据需要可配置多条默认路由

C. 默认路由的优先级高于其他静态路由

D. 在局域网组网中,通常采用静态路由

实训2　路由故障的诊断与处理

【实训目的】 掌握路由故障的诊断与处理方法。

【实训环境】 利用 Cisco Packet Tracer 5.0 交换机/路由器模拟软件,构建虚拟实训环境,在该实训环境中完成该实训操作。

【实训内容与要求】

1. 启动 Cisco Packet Tracer 5.0 软件,然后打开 Lab5. pkt 文件,装载本实训网络环境。装载成功后的实训网络环境如图 2.7 所示。

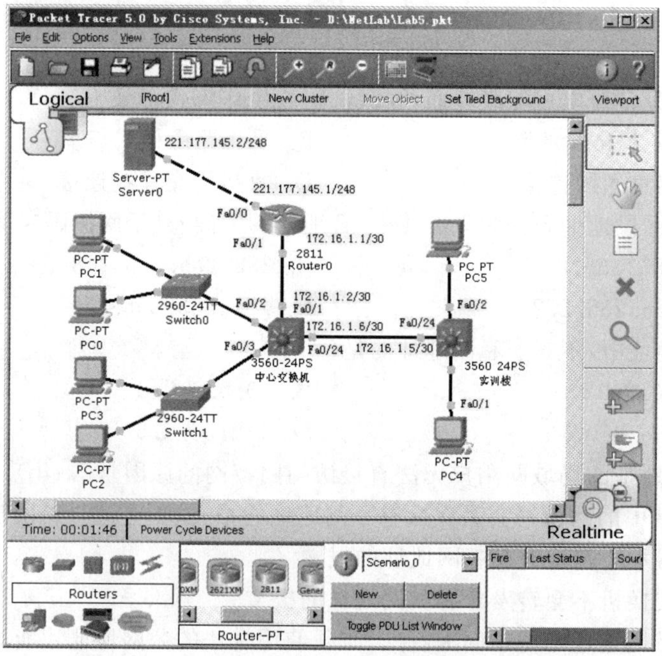

图 2.7　路由故障诊断测试实训网络环境拓扑图

2. 在该网络实训环境中,对网络故障进行诊断测试和分析,并解决相应的网络故障,保证各用户主机之间都能相互通信,各用户主机也能访问位于因特网中的 Server0 服务器。

第 3 章　TCP 连接故障的诊断与处理

本章介绍 TCP 连接故障的诊断分析与处理方法，并以内网用户用服务器公网地址无法访问放置在内网的服务器的故障为例，详细地分析造成无法访问的深层次原因。通过进一步的测试，找出出现的故障并给出解决办法。

3.1　TCP 连接的建立过程

1. TCP 协议简介

TCP（Transmission Control Protocol，传输控制协议）和 UDP（User Datagram Protocol，用户数据报协议）是传输层所使用的协议。TCP 提供面向连接的可靠传输服务，利用 TCP 协议传送数据时，有建立连接→传送数据→释放连接的过程。UDP 是无连接的协议，提供尽最大努力交付的传输服务，属于不可靠服务，常用于传输语音、视频等数据量大，以及对可靠性要求不高的应用。

2. TCP 协议的功能

TCP 协议主要是建立连接，然后从应用层的应用进程中接收数据并进行传输。TCP 采用虚电路连接方式来工作，在发送数据前，它需要在发送方和接收方建立起一个连接。数据在发送出去之后，发送方会等待接收方给出一个收到数据的确认性应答，否则发送方将认为此数据报丢失，并将重新发送此数据报，以保证数据传输的可靠性。

3. TCP 连接的三次握手

利用 TCP 协议传送数据之前，应首先建立起 TCP 连接，其连接的建立过程又称为 TCP 的三次握手。

第一次握手：发送方主机向接收方主机发起一个建立连接的同步(SYN)请求报文 SYN(X)，并进入 SYN_SEND 状态，等待服务器确认。

第二次握手：接收方主机在收到请求后，如果同意建立连接，则发送确认应答报文(SYN+ACK)，确认序号为收到的序号加 1，并且报文中的 SYN 标志位也被置为"1"，即向发送方主机回复一个同步/确认(SYN/ACK)应答报文，并进入 SYN_RCVD 状态。

第三次握手：发送方主机收到应答报文后，向接收方主机发送一个确认(ACK)报文，然后发送方和接收方均进入 ESTABLISHED 状态，完成三次握手。至此，TCP 连接建立成功，发送方和接收方可以开始传送数据了，比如 HTTP 数据。

TCP 连接建立过程如图 3.1 所示。有关 TCP 报文头部的标志位简要介绍如下：

① ACK：表示确认。只有当 ACK 标志位为“1”时，TCP 报头的确认号字段才有效。

② PSH：表示尽快地将数据送往接收进程处理，而不再等到缓冲区填满后才向上交付给应用进程处理。

③ RST：表示复位 TCP 连接。利用复位标志位，可实现异常终止一个 TCP 连接。

④ SYN：表示同步，在连接建立时用来同步序号。

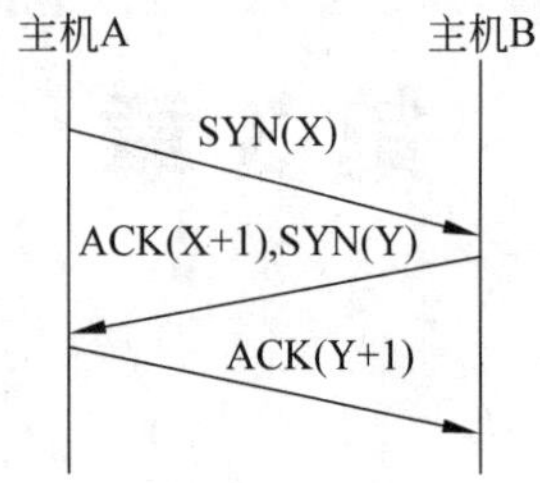

图 3.1 TCP 建立连接的三次握手过程

4. 端口的概念

端口(port)是传输层的服务访问点，传输层使用端口与位于上层的应用进程进行通信，应用层的各种进程也通过相应的端口与传输层进行交互。

在发送数据时，应用层的应用进程通过相应的端口将数据传递给传输层，传输层就会在数据的首部添加一个报文头，并在报文头中写入源端口号和目标端口号，然后将封装后的数据交给下面的网络层进行传输。

在接收数据时，网络层将收到的 IP 报文的包头去掉，将数据上交给传输层。传输层从报文头部取出该数据要送达的目标端口，然后将报文头部去掉，将剩下的数据通过目标端口上交给相应的应用进程接收和处理。

可见，端口的作用就是让应用层的各种应用进程能将其数据通过端口向下交付给传输层；在接收数据时，让传输层知道应该将数据通过哪一个端口向上交付给目的应用进程接收处理。因此，端口可用来标志应用进程，或者说端口代表了某一种服务。

传输层协议有 TCP 和 UDP，因此 TCP 和 UDP 协议均有端口的概念。在报文头中，端口采用一个 16 位的二进制编码表示，故 TCP 和 UDP 的端口总数均有 65 536 个。

0～1023 号端口分配给系统的标准服务使用，用户自行开发的应用进程应使用 1024 及以上的端口。代理访问因特网时所进行的基于端口的网络地址转换使用的端口号也应是 1024 及其以上未使用的端口。常用的标准服务所使用的端口号如表 3.1 所示。

表 3.1 常用的标准服务所使用的端口号

服务程序	协议及端口	服务程序	协议及端口	服务程序	协议及端口
HTTP	TCP 80	SMTP	TCP 25	RPC	TCP/UDP 135
S-HTTP	TCP 443	POP3	TCP 110	netbios-ns	TCP/UDP 137
FTP	TCP 21 和 TCP 20	IMAP4	TCP 143	netbios-dgm	UDP 138
TFTP	UDP 69	SNMP	UDP 161	netbios-ssn	TCP 139
DNS	TCP/UDP 53	SNMPTRAP	UDP 162	CIFS	TCP/UDP 445
TELNET	TCP 23	SSH	TCP 22		

3.2 TCP 连接故障的诊断与处理步骤

TCP 连接故障是指无法正常建立起 TCP 连接，导致连接访问失败的一类网络故障。因为缺乏到目标主机的路由，肯定会导致无法正常建立起 TCP 连接，但这类故障划归为路由故障。本节所介绍的 TCP 连接故障主要是指在不缺乏路由的情况下，无法正常建立起 TCP 连接的一类网络故障。

TCP 连接故障大体包括两种，一种是在建立 TCP 连接的三次握手过程中出现问题，导致无法建立起 TCP 连接，本节即将介绍的 TCP 故障实例就属于这一类。另一种是由于要访问连接的目标主机的端口，在网络中的某一设备(三层交换机、路由器或防火墙)上被封，导致无法建立起 TCP 连接。

对 TCP 连接的故障，可从 TCP 连接请求报文出去的方向和响应报文回来的方向分别进行诊断分析，检查 TCP 请求报文能否正常到达目标主机，响应报文能否顺利回到源主机。在整个出去的链路和回来的链路上，还要检查相关的端口是否被封禁。因此，在诊断分析过程中，对报文的源 IP 地址和源端口、目标 IP 地址和目标端口必须十分清楚；报文在转发过程中，源 IP 地址和源端口以及目标 IP 地址与目标端口的变化过程也要十分清楚，这样才有助于诊断分析出故障原因和故障点。

3.3 TCP 故障诊断与处理实例

本节以一个非常典型的局域网络拓扑结构为例，详细分析和介绍 TCP 故障的诊断与处理方法。

3.3.1 TCP 故障实例网络拓扑结构

1. 网络拓扑结构

TCP 故障实例的网络拓扑结构如图 3.2 所示。整个网络的运行环境已构建好，相关网络设备的配置、用户主机和服务器的 IP 地址配置都已完成，读者只需利用 Cisco Packet Tracer 5.0 软件，加载本书资源包提供的 Chapter3-1.pkt 文件，即可构建起本案例的网络环境。

在图 3.2 所示的网络拓扑结构中，ISP_RouterB 代表因特网中的 ISP 服务商的路由器。WebServer2 代表因特网中的一台 Web 服务器。PC2 代表因特网中的一台用户主机。RouterA 为局域网的出口路由器，CoreSwitch 为局域网的核心交换机。PC0 和 PC1 代表局域网的内网用户。Web Server 为局域网中使用私网地址的一台 Web 服务器。PC3 主机与内网服务器处于同一网段，用于测试能否使用内网服务器的公网地址访问内网服务器。

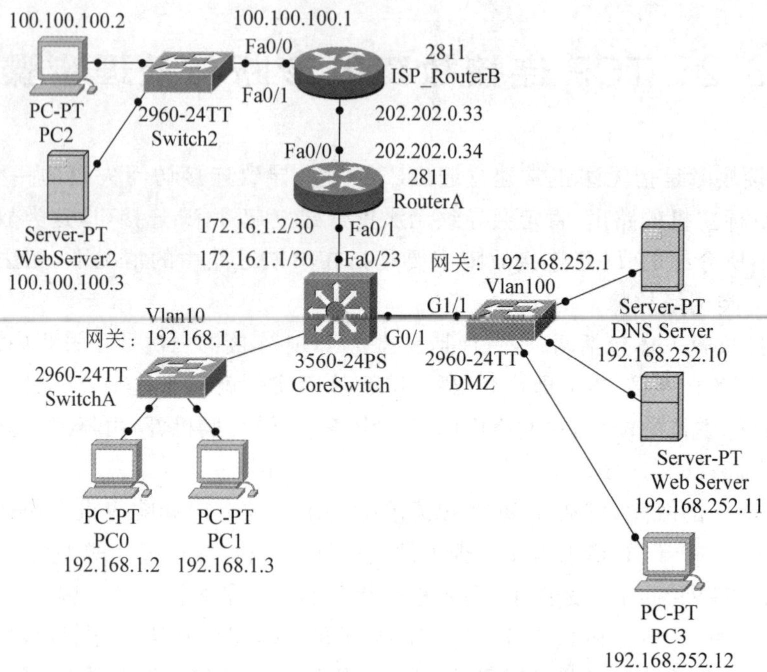

图 3.2　TCP 故障实例的网络拓扑结构

2. 案例网络环境公网地址规划与配置说明

本案例局域网络申请到 8 个公网地址(202.202.0.32/29)，为节约公网地址，这 8 个地址不再划分子网。除去网络地址(202.202.0.32)和广播地址(202.202.0.39)不能使用外，用户最终可用的公网地址数为 6 个。若将这 8 个地址的网段划分成 2 个子网，则用户总共可用的 IP 地址数将只有 4 个。

在这 6 个可用的公网地址中，202.202.0.33 作为网关地址，该地址设置在 ISP_RouterB 路由器与 RouterA 路由器的互联接口上。202.202.0.34 作为 RouterA 路由器的外网接口地址。内网用户访问因特网进行基于端口的网络地址转换时，将转换成该接口的公网地址。

剩下的 4 个公网地址作为内网服务器的 IP 映射地址。Web Server 服务器的内网地址为 192.168.252.11，为使因特网用户能访问到该 Web 服务器，在局域网的边界路由器 RouterA 上已配置好 IP 地址映射，将公网地址 202.202.0.35 与 192.168.252.11 建立起一对一的映射关系。这样，因特网用户通过访问 http://202.202.0.35 地址，就可以访问到位于内网且使用内网地址的 Web 服务器。

在核心交换机上配置了出去的默认路由，路由的下一跳地址为 172.16.1.2，路由配置命令为：

```
ip route 0.0.0.0 0.0.0.0 172.16.1.2
```

在 RouterA 路由器上配置了出去的默认路由，路由的下一跳为 202.202.0.33；同时配置了回局域网内网的回程路由，路由下一跳指向核心交换机，即下一跳地址为 172.16.1.1，路由配置命令为：

```
ip route 0.0.0.0 0.0.0.0 202.202.0.33
ip route 192.168.0.0 255.255.0.0 172.16.1.1
```

在 ISP 接入服务商的 ISP_RouterB 路由器上配置了到 202.202.0.32/29 网络的路由，路由的下一跳指向 RouterA 路由器，下一跳地址为 202.202.0.34，对应的路由配置命令为：

```
ip route 202.202.0.32 255.255.255.248 202.202.0.34
```

RouterA 路由器的网络地址转换功能也已配置好，整个网络可以正常运行。下面分别进行访问测试，检查整个网络运行是否正常。

(1) 内网用户访问因特网 Web 服务器

下面在内网的 PC0 主机上访问因特网中的 WebServer2 这台 Web 服务器，检查内网能否正常访问因特网。

打开 PC0 主机的浏览器，然后输入访问地址 http://100.100.100.3，其访问结果如图 3.3 所示。

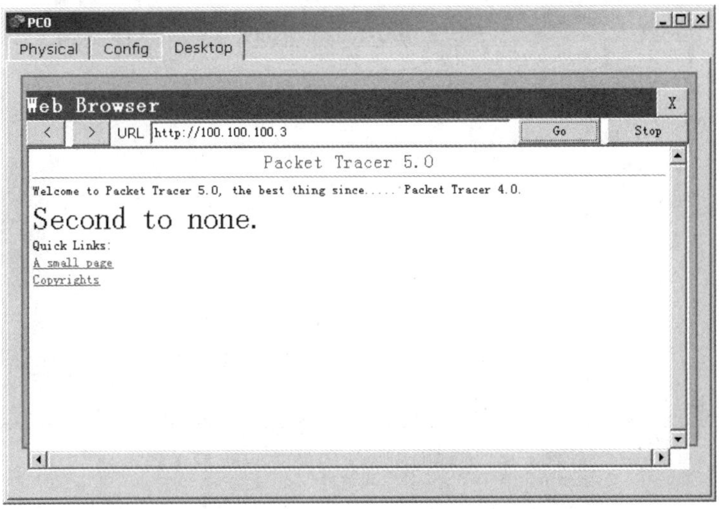

图 3.3　内网用户访问因特网 Web 服务器

从输出信息可见，访问获得成功。由于本案例用到 2 台 Web 服务器，为了区别这 2 台 Web 服务器的页面，在 WebServer2 服务器的网页中添加了"Second to none"这个字符串，以示区别。

下面查看 RouterA 路由器的 NAT 表，检查内网用户访问因特网时的 NAT 转换情况，如图 3.4 所示。

NAT Table for RouterA

Protocol	Inside Global	Inside Local	Outside Local	Outside Global
---	202.202.0.35	192.168.252.11	---	---
tcp	202.202.0.34:1025	192.168.1.2:1025	100.100.100.3:80	100.100.100.3:80

图 3.4　RouterA 路由器的 NAT 表

从图 3.4 所示的 NAT 表可见，192.168.1.2 主机使用 TCP 的 1025 号端口，与目标主机 100.100.100.3 的 TCP 80 端口建立连接。从中可见，路由器使用一个端口，就可代理一个主机对因特网的访问，因此，使用一个公网地址就可以代理和建立起 6 万多个 TCP 连接。这种网络地址转换方式就是基于端口的网络地址转换(PAT)，或者称为网络地址端口转换(Network Address Port Translation，NAPT)。

考虑到一台用户主机访问因特网时，发起和要建立的 TCP 连接比较多，因此，一般情况下，只要局域网用户不是特别多，使用一个公网地址进行网络地址转换，基本上就能胜任对因特网的代理访问需求。如果用户数特别多，可使用多个公网地址构成 NAT 池来解决。

(2) 因特网用户访问位于内网 Web 服务器

因特网用户(PC2)使用 202.202.0.35 地址，可访问到位于内网且使用内网地址的 Web 服务器。访问结果如图 3.5 所示。

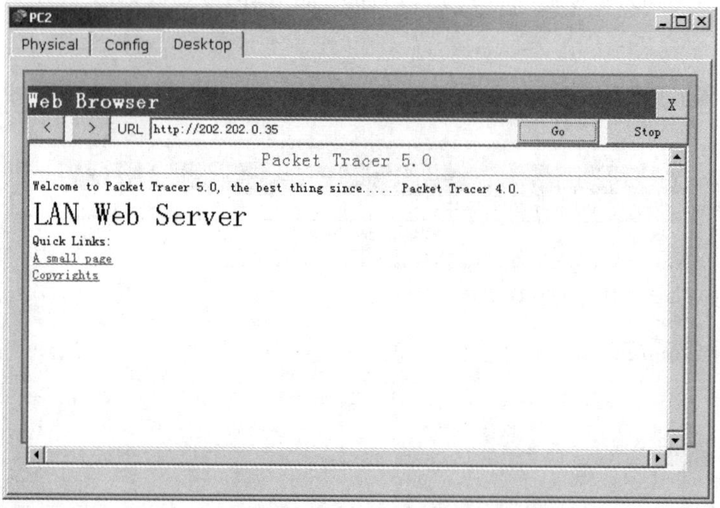

图 3.5　因特网用户访问内网 Web 服务器

(3) 内网用户使用内网地址访问内网 Web 服务器

在内网 PC0 主机上，使用内网地址 192.168.252.11 来访问内网 Web 服务器，访问获得成功，如图 3.6 所示。

(4) 内网用户使用内网 Web 服务器的公网地址进行访问

下面在内网主机 PC0 上，使用内网 Web 服务器的公网地址(202.202.0.35)来访问，看能否获得成功。访问结果如图 3.7 所示。从输出信息可见，访问失败，使用内网服务器的公网地址无法访问内网 Web 服务器。

内网用户使用内网服务器的公网地址访问内网服务器为什么会失败呢？无法访问的原因是什么呢？这就是本章的 TCP 故障实例要深入诊断分析和探讨的内容。

本案例的网络拓扑结构和公网地址的规划使用方式非常典型，很多单位的局域网都与之类似。因此，很多单位的网络存在内网用户不能使用内网服务器的公网地址访问内网服务器的问题。

对网站通常采用域名来访问，因特网的域名服务器解析出的 IP 地址是该单位的公网地

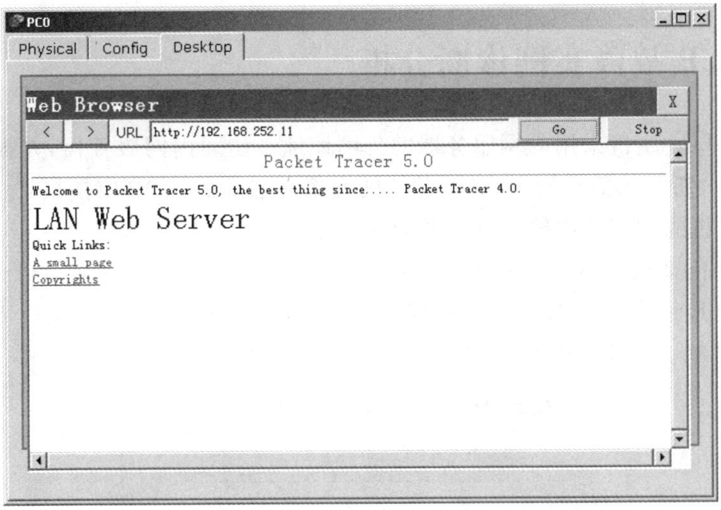

图 3.6 内网用户使用内网地址访问内网服务器

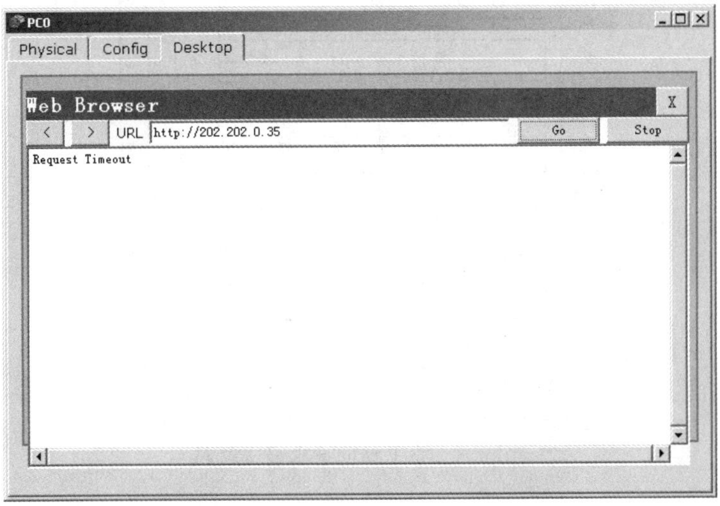

图 3.7 内网用户使用内网服务器的公网地址进行访问

址，这样一来，就会出现本单位的内网用户使用本单位的域名无法访问自己单位的服务器这个问题。那么，该如何解决呢？

解决办法有两种：一种是从域名解析的角度来想办法，其思路就是自己安装一台 DNS 服务器，局域网用户的首选 DNS 服务器设置为自己搭建的 DNS 服务器的地址。在自己的 DNS 服务器上，对本单位的域名进行解析，将其解析为服务器的内网地址。将 DNS 服务器的转发器设置为某一个合法的因特网 DNS 服务器的地址。这样，内网用户访问其他域名时，就使用转发器所设置的 DNS 服务器进行解析。另一种是找出内网用户不能使用公网地址访问内网服务器的深层次原因，想办法改进网络，使内网用户也能使用内网服务器的公网地址来访问内网服务器。这种解决办法是本章针对 TCP 故障案例希望达到和实现故障处理目标。

3.3.2 TCP 故障实例诊断分析

在内网的 PC0 主机采用内网服务器的公网地址来访问内网服务器，并根据报文的流向依次进行诊断分析。为简化问题，忽略部分转发报文之前的 ARP 广播报文。

在 PC0 主机的浏览器中输入访问地址 http://202.202.0.35 并按 Enter 键后，就触发了 TCP 连接访问请求。PC0 主机发出与目标主机建立 TCP 连接的第一个访问请求报文，该报文的源 IP 地址为 192.168.1.2，目标 IP 地址为 202.202.0.35，源端口为 TCP 1025，目标端口为 TCP 80。对报文的解码如图 3.8 所示。

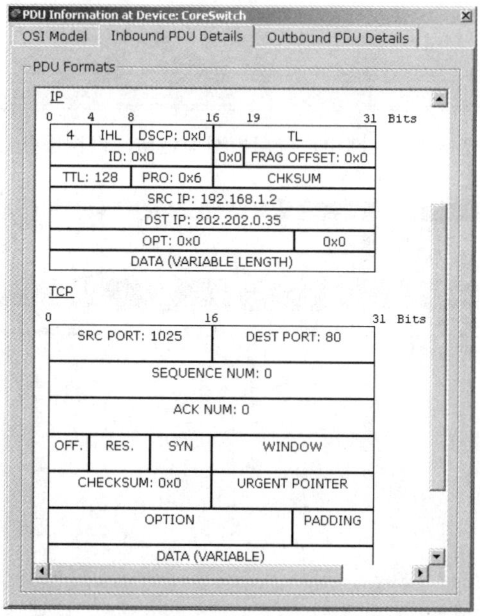

图 3.8 TCP 访问请求报文解码

该访问请求报文经接入交换机到达核心交换机，然后被核心交换机路由转发到出口路由器 RouterA。报文从 RouterA 路由器的 Fa0/1 接口进入后，源地址经网络地址转换被修改为 202.202.0.34，目标 IP 地址(202.202.0.35)不变，然后报文被交给路由引擎进行路由转发。

路由引擎检查发现报文的目标地址与 RouterA 路由器的 Fa0/0 接口地址处于同一网络，认为是可以直达的，因此，不再进行路由转发。接下来，路由器会发出一个 ARP 广播报文，查询目标主机(202.202.0.35)的 MAC 地址。该 ARP 查询报文的解码如图 3.9 所示。

该 ARP 查询广播报文经 RouterA 路由器的出口(Fa0/0)到达接入服务商的 ISP_RouterB 路由器，随后 ARP 报文被丢弃。由于找不到目标主机，就没有任何一台主机会回复该 ARP 广播查询报文，导致无法获得目标主机的 MAC 地址。最后，RouterA 路由器丢弃该 TCP 访问请求报文。整个报文的流向和 IP 地址的变化情况如图 3.10 所示。

从以上分析可见，建立 TCP 连接的第一个访问请求报文只能到达出口路由器

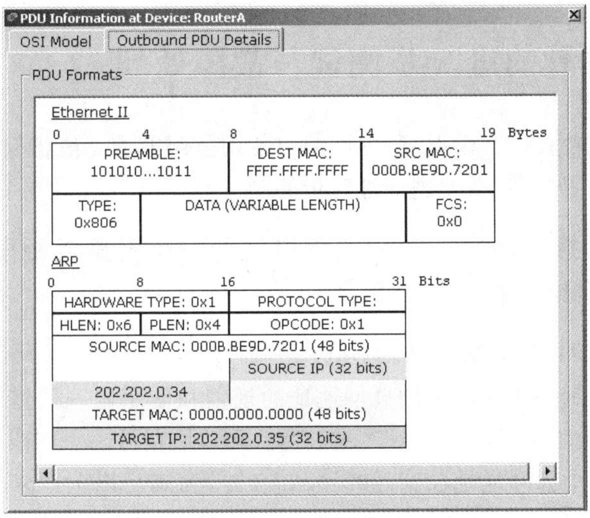

图 3.9 RouterA 发出的 ARP 查询报文

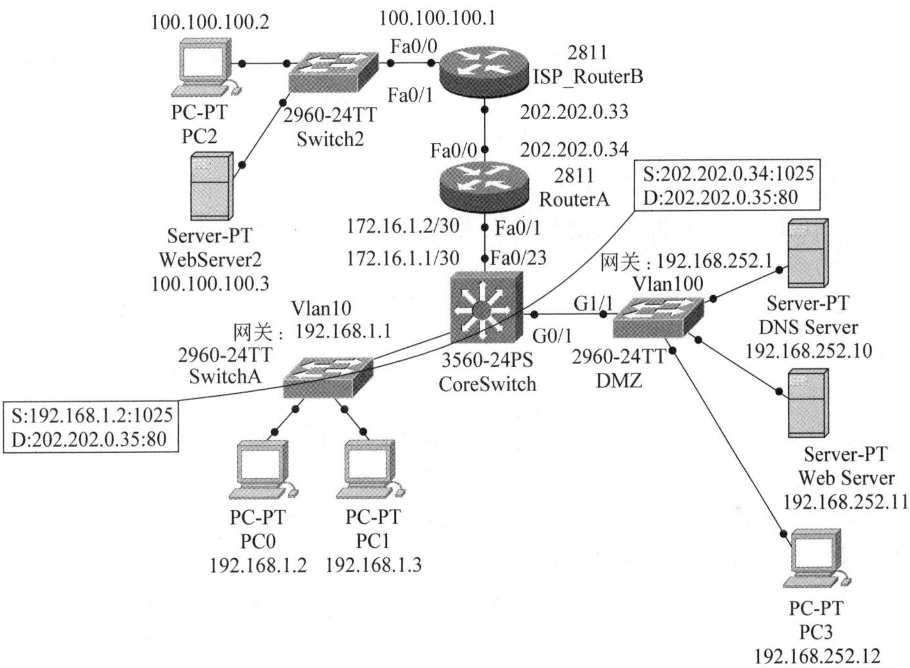

图 3.10 TCP 报文的流向和 IP 地址的变化情况

RouterA，根本就到达不了内网服务器，因此，内网用户无法用公网地址访问内网服务器。导致该访问故障的原因就是用于内网服务器 IP 映射的公网地址(202.202.0.35/29)与路由器的外网接口地址(202.202.0.34/29)处于同一个网段。

根据本故障案例可见，只要因特网出口地址和服务器映射的公网地址处于同一个网段，就会存在内网用户无法使用公网地址访问内网服务器的问题。

3.3.3 案例故障的进一步测试与故障处理

为了进一步弄清楚在什么情况下，内网用户使用公网地址无法访问内网服务器；而什么情况下可以访问内网服务器，下面进行进一步的测试。

1. 路由器外网接口地址与 NAPT 地址在同一个网段或相同，IP 映射公网地址在另一个网段

(1) 重新规划设计公网地址的使用方式

下面对图 3.2 所示网络环境中的公网地址的规划和使用做一些修改，使路由器的外网接口地址和 NAPT 地址相同，服务器 IP 映射的公网地址在另一个网段。

由于只申请到 8 个公网地址(202.202.0.32/29)，为满足以上要求，可将这 8 个公网地址划分成 2 个子网，每个子网包括 4 个 IP 地址，除去网络地址和广播地址不能使用之外，每个子网有 2 个地址可以使用。这两个子网的地址分别为 202.202.0.32/30 和 202.202.0.36/30。

将 202.202.0.32/30 这一个子网的两个有效地址用作 RouterA 与 ISP_RouterB 路由器的互联接口地址，202.202.0.34/30 用作 RouterA 路由器的外网接口(Fa0/0)地址，202.202.0.33/30 仍作为网关地址，用作 ISP_RouterB 的 Fa0/1 接口地址。

用作代理访问因特网的 NAPT 地址，使用路由器的外网接口地址(202.202.0.34/30)兼任，即进行 NAT 转换时，将内网地址替换为路由器的外网接口的地址。

202.202.0.36/30 子网只有 202.202.0.37 和 202.202.0.38 地址可用，这两个地址可用作内网服务器 IP 映射的公网地址。此处，将 202.202.0.37 与内网服务器 192.168.252.11 建立 IP 映射。

(2) 访问测试并追踪分析 TCP 报文

在 Cisco Packet Tracer 5.0 软件中，打开和加载配套资源包中的 Chapter3-2.pkt 文件，加载符合本案例要求的网络环境。Chapter3-2.pkt 的网络运行环境与 Chapter3-1.pkt 相比，只有两处变化：一是 RouterA 与 ISP_RouterB 路由器的互联接口地址的子网掩码由原来的 255.255.255.248 改变成了 255.255.255.252；二是内网服务器 IP 映射的公网地址变成了 202.202.0.37，且与路由器的外网接口地址处于不同的网段。其余配置均相同。

在 PC0 主机的浏览器中输入地址 http://202.202.0.37 并按 Enter 键，采用公网地址访问内网服务器。下面追踪分析 TCP 报文，查看在这种情况下，内网用户能否使用公网地址访问内网服务器。

TCP 连接请求报文由 PC0 主机发出后，经接入层交换机到达核心交换机，然后核心交换机将其路由转发到 RouterA 路由器。TCP 报文进入 RouterA 路由器时，源 IP 地址为 192.168.1.2，目标 IP 地址为 202.202.0.37，源端口为 TCP 1025，目标端口为 TCP 80。

报文从 RouterA 路由器的内网接口进入后，将进行网络地址端口转换(NAPT)，报文的源 IP 地址被替换为外网接口的 IP 地址(202.202.0.34)。对该 TCP 报文的解码如图 3.11 所示。

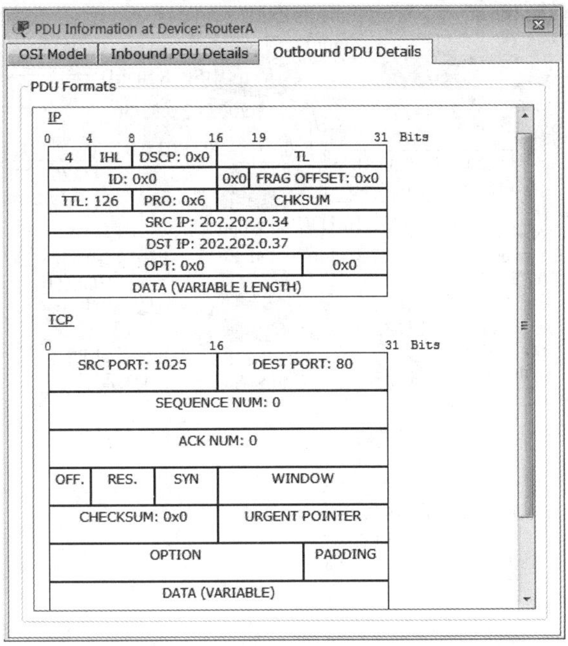

图 3.11　经网络地址端口转换后外发的 TCP 报文解码

由于报文要到达的目标地址不在 RouterA 路由器的本地接口地址所处的网段，路由引擎将对其进行路由转发，走默认路由，报文将被路由转发到 ISP_RouterB 路由器。

RouterA 路由器的 NAT 表如图 3.12 所示。

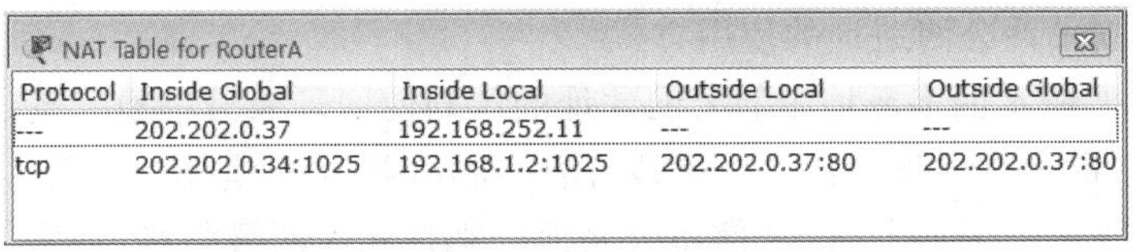
NAT Table for RouterA

Protocol	Inside Global	Inside Local	Outside Local	Outside Global
---	202.202.0.37	192.168.252.11	---	---
tcp	202.202.0.34:1025	192.168.1.2:1025	202.202.0.37:80	202.202.0.37:80

图 3.12　RouterA 路由器的 NAT 表

报文路由到 ISP_RouterB 路由器之后，ISP_RouterB 路由器将其路由回 RouterA 路由器。当报文再次从 RouterA 路由器的外网口 Fa0/0 进入路由器时，该报文就成为一个来自外部网络的报文，此时 RouterA 路由器会检查 NAT 表，看是否有匹配项目以进行网络地址转换。

报文从外部网络进入路由器时，对目标地址进行可能的网络地址转换。经查询 NAT 表，目标地址 202.202.0.37 在 NAT 表中有匹配项目，因此对其进行转换，报文的目标地址被替换为内网服务器的内网地址 192.168.252.11。报文的源地址在该过程中保持不变，仍为 202.202.0.34。由于报文的源地址与 RouterA 路由器的某个本地接口(Fa0/0)的地址匹配，路由器会丢弃该报文，TCP 报文无法到达内网服务器。从中可见，在这种网络配置方案下，内网用户使用公网地址也无法访问内网服务器。

在访问请求过程中，TCP 报文的流向和报文头部 IP 地址的变化情况如图 3.13 所示。

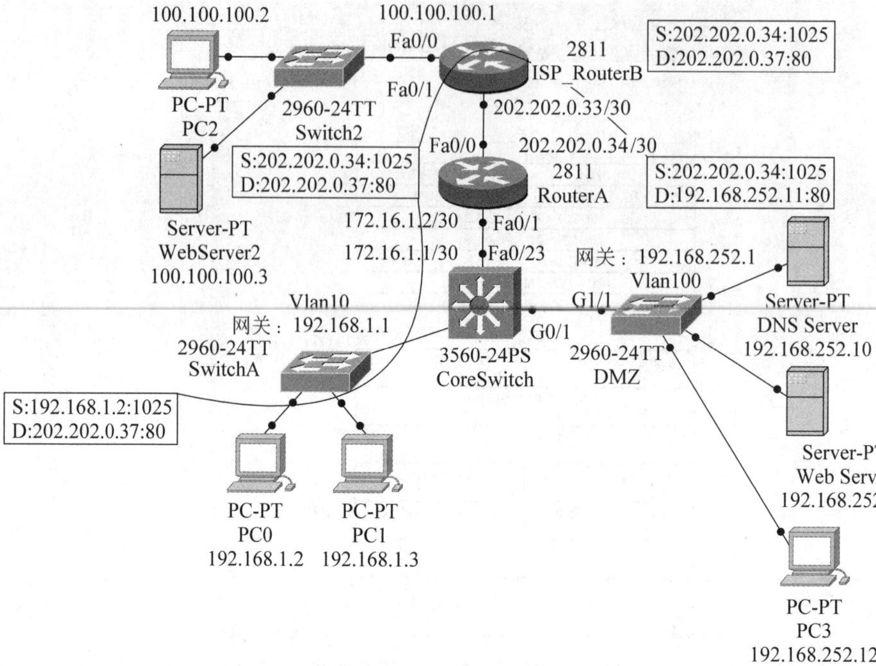

图 3.13　TCP 报文的流向和报头 IP 地址的变化情况

2. NAPT 地址和服务器 IP 映射的公网地址在同一个网段，路由器外网接口地址在另一个网段

(1) 重新规划设计公网地址的使用方式

下面对图 3.2 所示网络环境中的公网地址的规划使用采取另一种方案，使 NAPT 地址和服务器 IP 映射的公网地址在同一个网段，路由器外网接口地址在另一个网段。进一步测试在这种配置方案下，内网用户能否使用公网地址来访问内网服务器。

申请到的 8 个公网地址(202.202.0.32/29)仍然划分成两个子网(202.202.0.32/30 和 202.202.0.36/30)。202.202.0.32/30 子网中的 202.202.0.33 和 202.202.0.34 仍用作 RouterA 路由器和 ISP_RouterB 路由器的互联接口地址，子网掩码为 255.255.255.252。202.202.0.33 作为因特网出口的网关地址。

202.202.0.36/30 子网中的 202.202.0.37 用作网络地址端口转换(NAPT)所需的公网地址，将其定义成 NAT 地址池中的地址。202.202.0.38 用作内网服务器 IP 映射的公网地址，将其映射到内网的 192.168.252.11 服务器。

(2) 访问测试

在 Cisco Packet Tracer 5.0 软件中，打开资源包中的 Chapter3-3.pkt 文件，加载网络拓扑环境。本网络运行环境已按本测试方案配置好相关设备。下面在内网的 PC0 主机的浏览器中输入地址 http://202.202.0.38，访问内网 Web 服务器。访问结果如图 3.14 所示。

从输出信息可知，访问获得成功。说明在这种配置方案下，内网用户是可以使用公网地址来访问内网服务器的。以前的网络环境不能访问，是由于公网地址的规划不合理。由此可见，内网用户能否使用公网地址来访问内网服务器，与路由器的外网接口地址、NAPT 地

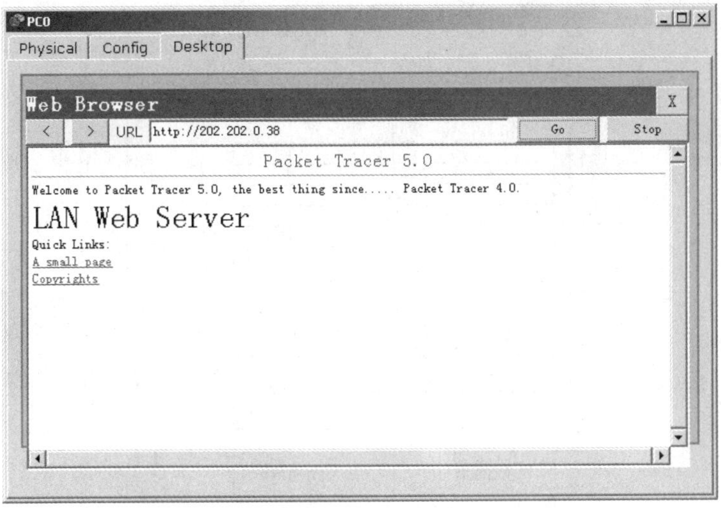

图 3.14　内网用户使用公网地址访问内网服务器

址和服务器的 IP 映射地址是否处于同一网段有关。访问情况归纳总结如下：

① 路由器的外网接口地址、NAPT 地址和服务器的 IP 映射地址位于同一网络，内网用户无法使用服务器的公网地址访问内网服务器。

② 路由器的外网接口地址和 NAPT 地址相同或者位于同一网络，服务器的 IP 映射地址在另一个网络，内网用户无法使用服务器的公网地址访问内网服务器。

③ 路由器的外网接口地址在一个网段，NAPT 地址和服务器的 IP 映射地址位于另一个网段，此时内网用户可以使用服务器的公网地址访问内网服务器。

④ 路由器的外网接口地址、NAPT 地址和服务器的 IP 映射地址均处于不同的网段，此时内网用户可以使用服务器的公网地址访问内网服务器。

因此，在前期规划设计局域网时，对这三类公网地址的使用方式要进行合理的规划设计，否则将带来内网用户不能使用服务器的公网地址访问内网服务器的问题。

(3) 诊断分析可以访问的原因

前面的访问测试获得了成功，下面追踪 TCP 报文，诊断分析为什么在这种情况下可以访问内网服务器。

在 PC0 主机的浏览器中输入地址 http://202.202.0.38 并按 Enter 键，发起一个对目标主机 TCP 80 端口的 TCP 访问请求。报文的源 IP 地址为 192.168.1.2，源端口为 TCP 1025，目标 IP 地址为 202.202.0.38，目标端口为 TCP 80。

该 TCP 报文经接入层交换机到达核心交换机，然后由核心交换机路由到 RouterA 路由器。

报文由 RouterA 路由器的 Fa0/1 接口进入到达路由器后，由于报文的目标地址不在路由器的任何一个本地接口地址所在的网络，于是报文被交给路由引擎进行路由转发。根据路由配置，走默认路由，报文将被路由到 ISP_RouterB 路由器的互联接口(默认路由的下一跳地址)。由于这是来自内网外发的报文，报文在离开路由器外发之前，根据网络地址端口转换的配置，报文的源地址(192.168.1.2)将被替换为 202.202.0.37。替换修改后，即将路由转发的报文解码如图 3.15 所示。RouterA 路由器的 NAT 表如图 3.16 所示。

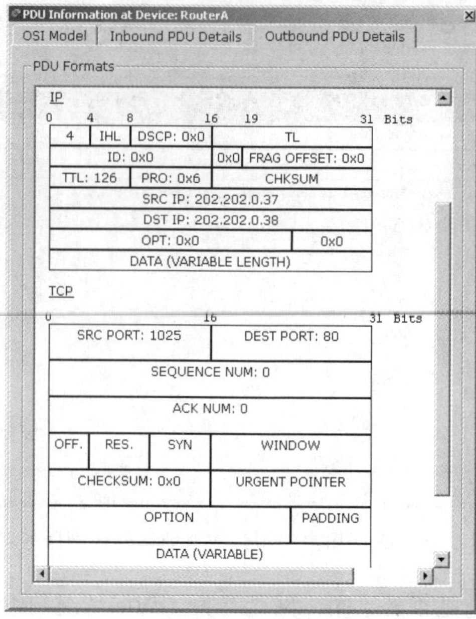

图 3.15　RouterA 路由器进行源地址替换后即将外发的报文

NAT Table for RouterA

Protocol	Inside Global	Inside Local	Outside Local	Outside Global
---	202.202.0.38	192.168.252.11	---	---
tcp	202.202.0.37:1025	192.168.1.2:1025	202.202.0.38:80	202.202.0.38:80

图 3.16　RouterA 路由器的 NAT 表

报文被路由到达 ISP_RouterB 路由器后，交给路由引擎进行路由转发。由于目标地址是分配给本单位使用的，因此，在因特网接入服务商的路由器上配有到所申请的公网地址的路由，路由的下一跳肯定是指向本单位边界路由器的外网接口地址。因此，该报文又被路由回 RouterA 路由器。

当报文从因特网路由器(ISP_RouterB)路由回 RouterA 路由器时，这个报文就成为一个从外部网络进来的报文。报文的源 IP 地址为 202.202.0.37，目标 IP 地址为 202.202.0.38。此时 RouterA 路由器先将报文交给 NAT 引擎进行必要的网络地址转换，此时是对目标地址进行可能的替换修改。通过查询 NAT 表，发现目标地址(202.202.0.38)在 NAT 表中有匹配的项目(IP 映射)，于是对目标地址进行替换修改，将其修改为 192.168.252.11。修改后的报文解码如图 3.17 所示。NAT 引擎对报文处理完毕后，再由路由引擎对报文进行路由转发。由于此时报文的目标地址已被替换为内网服务器的私网地址，因此，报文将被路由到内网的核心交换机，最后成功到达内网服务器。

下面再来分析 TCP 的响应报文，看能否顺利回到发起访问请求的源主机。

内网服务器收到访问请求报文后，生成的响应报文的源 IP 地址为 192.168.252.11，源端口为 TCP 80，目标 IP 地址为 202.202.0.37，目标端口为 TCP 1025。其响应报文的解码如图 3.18 所示。从图中可见，响应报文的 SYN 和 ACK 标志位被置位。

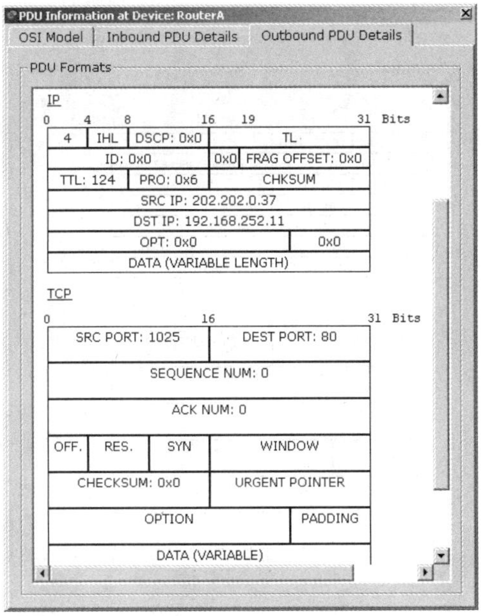

图 3.17 从外部网络重新回到 RouterA 路由器的报文解码

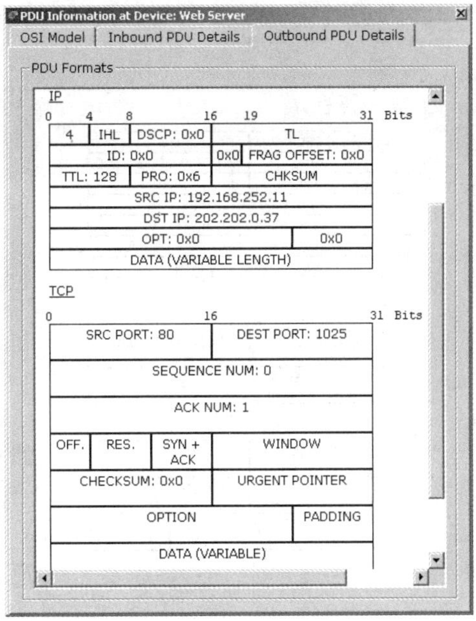

图 3.18 内网服务器生成的响应报文

响应报文经 DMZ 交换机到达核心交换机，再由核心交换机路由到 RouterA 路由器。

响应报文由内网进入 RouterA 路由器之后，进行网络地址转换。根据 NAT 表中的 IP 映射匹配规则，源 IP 地址被替换为 202.202.0.38。报文的解码如图 3.19 所示。

响应报文经路由器进行源地址的替换修改后，交路由引擎处理，走默认路由，被路由到 ISP_RouterB 路由器。之后，又被 ISP_RouterB 路由器路由回 RouterA 路由器。

响应报文重新被路由回 RouterA 路由器之后，成为一个从外部网络进入的报文。此时，路由器先进行目标地址的替换修改。根据 NAT 表的匹配项目，响应报文的目标地址被替换为原来发起访问请求的源主机的 IP 地址(192.168.1.2)。此时的报文解码如图 3.20 所示。

响应报文的目标地址被替换修改后，再交由路由引擎进行路由处理。之后，响应报文被路由到核心交换机，再经交换机间的逐级转发，响应报文成功回到发起访问请求的源主机。

源主机收到目标主机的响应报文后，回应一个响应报文，完成 TCP 建立连接的三次握手过程，就可以传输 HTTP 数据流了，故访问获得成功。对于携带 HTTP 数据的 TCP 报文，其 PSH 和 ACK 标志位被置位。

内网用户使用公网地址无法访问内网服务器的故障的诊断分析到此为止，其解决办法就是 NAPT 地址和 IP 映射的公网地址不能与路由器的外网接口地址处于同一个网段。

除了本章案例所介绍的 TCP 故障之外，由于网路中要访问的目标端口被防火墙封禁，导致无法访问，也是经常遇到的 TCP 连接类故障。对这类故障的查找和处理相对简单一些。只需沿着报文出去和回来的方向，检查各三层网络设备的 ACL 规则，看是否有哪一个网络设备的 ACL 规则封禁了目标端口。若有，重新配置 ACL 规则，允许访问目标主机的目标端口即可。

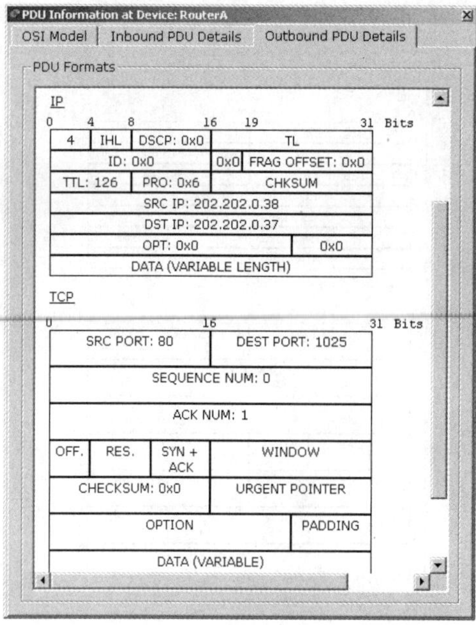

图 3.19　响应报文经路由器地址转换后的外发报文

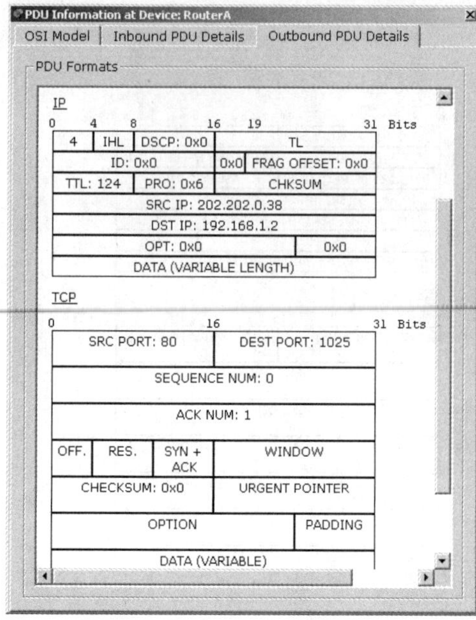

图 3.20　响应报文从因特网再次回到路由器时目标地址被替换修改

习　题　3

1. 局域网用户能正常访问因特网的新闻网站，但无法登录访问自己的网上银行，该故障原因最大可能的情况是(　　)。

A. 网上银行系统出现故障

B. 网络连接出现故障，无法访问因特网

C. 由局域网到因特网的链路上，可能有某台设备开启了防火墙功能，封禁了对 TCP 443 号端口的访问

D. 由局域网到因特网的链路上，可能有某台设备开启了防火墙功能，封禁了对 TCP 80 号端口的访问

2. 如果某局域网用户数量较多，高峰时期 TCP 连接数量达到 25 万多个，为保证局域网用户的上网速度，至少应使用(　　)个公网地址来构建 NAT 地址池，才能胜任和提供这个数量级的 TCP 连接需求。

A. 2　　B. 3　　C. 4　　D. 8

3. 为了实现内网用户访问因特网，关于 NAPT 地址的使用和规划，以下描述中，不正确的是(　　)。

A. 用于 NAPT 的地址，必须是合法的公网地址

B. NAPT 地址可以使用路由器的外网接口地址

C. 可以定义和使用 NAT 地址池

D. NAPT 地址不能与路由器的外网接口地址相同

4. 为了使内网用户能使用公网地址访问内网服务器，以下关于路由器的外网接口地址、NAPT 地址和服务器 IP 映射的公网地址的规划使用的描述，正确的是(　　)。

A. 路由器的外网接口地址、NAPT 地址和服务器 IP 映射的公网地址，三者都必须在不同的网段

B. 路由器的外网接口地址、NAPT 地址和服务器 IP 映射的公网地址，三者中允许有两个可在同一个网段

C. 路由器的外网接口地址、NAPT 地址和服务器 IP 映射的公网地址，三者都可以在同一个网段

D. NAPT 地址和服务器 IP 映射的公网地址可以在同一个网段，但必须与路由器的外网接口地址处于不同的网段

实训 3　TCP 连接故障的诊断与处理

【实训目的】 掌握 TCP 连接故障的诊断分析与故障的处理方法。

【实训环境】 利用 Cisco Packet Tracer 5.0 交换机/路由器模拟软件，构建虚拟实训环境，在该实训环境中完成相关实训操作。

【实训内容与要求】

1. 掌握在 Cisco Packet Tracer 5.0 模拟环境中查看报文流向和查看报文解码信息的操作方法。

(1) 启动 Cisco Packet Tracer 5.0 软件，然后打开 Chapter3-1.pkt 文件，加载实训网络拓扑环境。

(2) 按 Shift＋S 快捷键，将 Cisco Packet Tracer 5.0 软件的工作模式切换到 Simulation 模式，如图 3.21 所示。

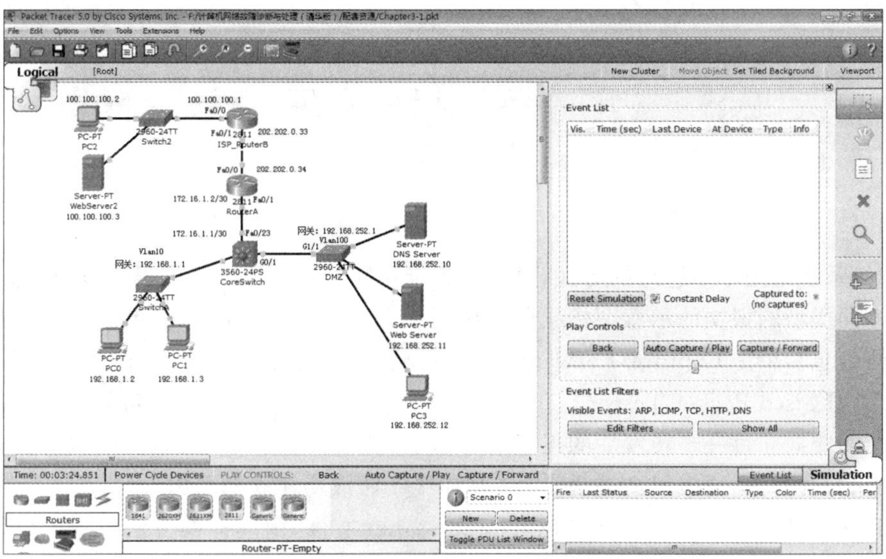

图 3.21　切换到 Simulation 模式

单击 Edit Filters 按钮，可设置要捕获和解压的报文类型，其设置界面如图 3.22 所示。

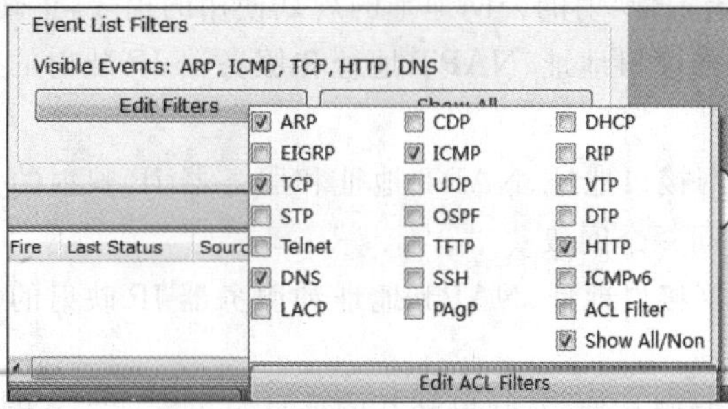

图 3.22　设置要捕获的报文类型

如果忽略 ARP 报文和 DNS 报文，则取消对这两种协议报文的勾选即可。设置勾选好后，在其他地方单击一下，即可隐去该设置框。

(3) 单击 PC0 主机，打开浏览器，在地址栏中输入要访问的地址 http://202.202.0.35，然后单击 Go 按钮，或直接按 Enter 键，触发对 202.202.0.35 服务器的 http 访问请求。Cisco Packet Tracer 5.0 软件的主界面如图 3.23 所示。

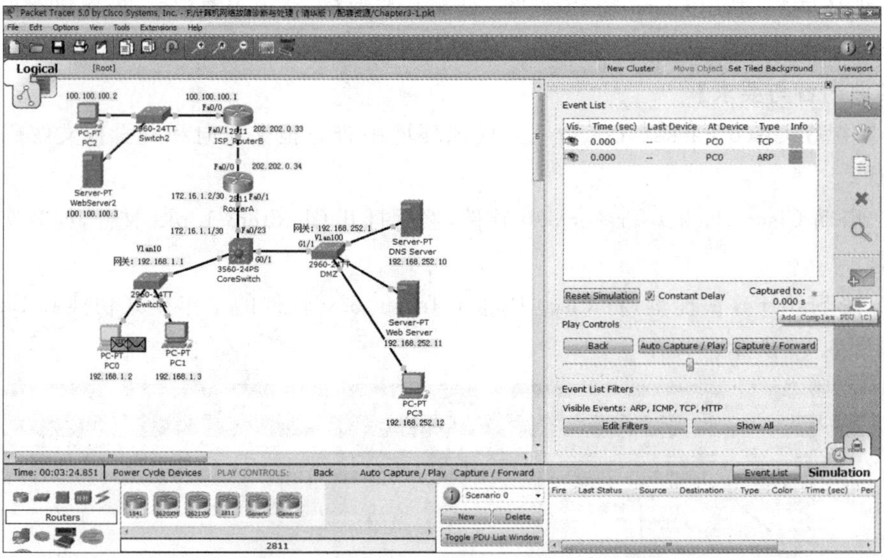

图 3.23　Cisco Packet Tracer 5.0 软件的主界面

此时，系统采用单步追踪的方式，显示在整个访问过程中所产生的报文以及报文的转发流程。不同类型的报文的示意图标颜色不相同。在报文的示意图标上单击，可查看到该报文的解码信息。单击 Capture/Forward 按钮，可显示和捕获报文的下一个传输过程。

2. 利用 Cisco Packet Tracer 5.0 软件的报文流向追踪和报文解码功能，逐步追踪访问请求报文的流向和每一步转发后的报文的源 IP、源端口和目标 IP 与目标端口的变化情况。诊断分析和找出访问请求报文被丢弃，TCP 连接无法成功建立的原因。

3. 分别打开 Chapter3-2.pkt 和 Chapter3-3.pkt 文件，用同样的方法，追踪分析访问请求报文和响应报文的流向，加深理解 TCP 建立连接的过程。

第 4 章　网络环路故障的诊断与处理

在没有启用和配置生成树协议的网络中，是不允许出现网络环路的。一旦形成网络环路，就会引起广播风暴，造成网路堵塞和网络瘫痪，这是网络故障中较为严重的一类，影响范围广，危害性大。本章将详细介绍网络环路故障的引发原因，网络环路故障的诊断和排除方法，以及网络环路的检测与保护技术。

4.1　网络环路故障现象与危害

如果网络存在环路（网络拓扑环路），转发的数据帧和广播帧就会在环路内不断循环转发，并以指数级的规模增生，引起广播风暴，大量占用交换机的 CPU 处理资源，使交换机因负荷过重而无法进行正常的转发处理或直接导致交换机死机。广播风暴还会造成网络流量剧增，严重影响网络性能和访问速度，甚至引起网络大面积瘫痪，带来严重的网络故障。

如果交换机的某个端口下面存在环路，会导致该台交换机的 MAC 地址学习错误，导致转发异常，引发广播风暴。

网络环路故障从表象上看，网络的访问速度突然间急剧下降，直至无法访问网络，用户影响面较广，可以是某个网段的用户，也可以是整幢楼的用户。存在网络环路的交换机的指示灯会闪得特别厉害，特别是有环路的端口。出现环路后，由于交换机负荷很重，利用 Telnet 登录交换机已变得很困难，甚至根本无法登录。利用 Console 登录连接到交换机，会发现 CPU 利用率很高。

网络环路故障的表象与网络受到攻击的表象很相似，容易误判为网络遭受到攻击。

4.2　构成网络环路的常见情况

1. 网络环路的分类

网络环路分为网络拓扑环路和端口环路两种情况。网络拓扑环路是指网络结构从拓扑角度来看，存在环路的情况。端口环路是指交换机的某个端口自身或所联的下级网络存在环路的情况。

对于网络拓扑环路，一种情况是在网络规划设计时，为给网络核心设备和互联链路提供冗余备份，提高网络的可靠性而人为设计的环路，如图 4.1 所示。

在如图 4.1 所示的网络拓扑环路中,为提高网络的可靠性,采用了双核心交换机冗余备份,以主备方式工作的设计方案。各幢楼的汇聚层交换机同时与这两台核心交换机级联,两台核心交换机之间通过跳线互联。这样,两台核心交换机与汇聚层交换机之间就形成了一个三角形的网络环路。两台核心交换机与出口路由器之间也形成了一个三角形的网络环路。

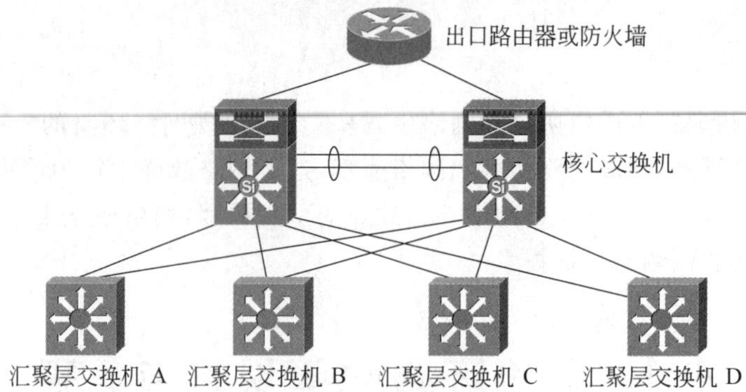

图 4.1　正常设计的网络拓扑环路

图 4.1 所示的这种网络拓扑环路,从物理线路连接来看构成了环路,但在网络正常运行时,为避免在数据链路层形成网络环路,相关的设备都会启用和配置生成树协议(Spanning Tree Protocol,STP)或者快速生成树协议(Rapid Spanning Tree Protocol,RSTP)或多生成树协议(Multiple Spanning Tree Protocol,MSTP),通过有选择性地阻塞网络冗余链路来达到消除网络二层环路的目的,将网络环路自动修剪为不存在环路的树型结构。因此,这种网络拓扑结构能正常工作,在大型网络中或对网络可靠性要求较高的网络中应用较多。从中可见,启用和配置生成树协议,可预防和避免在数据链路层出现网络环路,并提供链路冗余备份功能。

2. 常见的网络环路故障

(1) 在没有启用和配置生成树协议的网络环境中,其网络拓扑从物理线路连接上是不允许出现环路的,但在后期的使用和维护过程中,由于网络设备连接错误或网线连接错误,导致出现网络拓扑环路的情况。

在对网络进行综合布线时,为保证链路冗余,经常有在同一个房间(比如实训机房、较大的办公室)同时布置两根网线的情况。这样,房间墙壁上的信息插座上就有两个网络接口。当房间的用户数较多时,通常还会通过接入交换机来分接。正常情况下,只用信息插座上的一个网络接口不会有问题;如果两个网络接口同时使用,并且分别接在不同的交换机上,这些交换机彼此间不级联,不会形成环路,可以正常使用。但在实际使用中,经常会出现如图 4.2 所示的网线误接,出现双链路上联到接入层交换机,导致形成网络拓扑环路。

在图 4.2 中,该实训机房有三台交换机,墙壁信息插座可用的网络接口有两个。这两个网络接口分别级联交换机 A 和交换机 C,交换机 A 或者交换机 C 再与交换机 B 级联,就不会形成环路。但机房人员变动较大,或接线时不小心,很容易出现如图 4.2 所示的误接

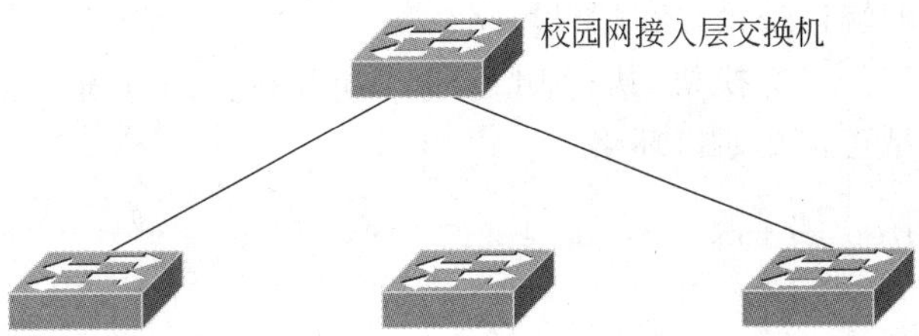

图 4.2　因网线误接形成网络拓扑环路

情况。

另外，对于房间中只用了一台交换机的情况，由于用户接线不小心，也可能出现环路。比如，用户将墙壁信息插座上的两个网口同时用网线接在同一台交换机上。这时，校园网的接入层交换机就和房间里的交换机间通过这两根网线构成了一个网络环路。

(2) 另一种常见的网络环路情况是端口环路。端口环路又分为端口自环和端口的下级网络存在环路两种情况。

交换机因端口损坏，可出现端口内部自环的情况。在这种情况下，只要将这种交换机接入网络，就会引起广播风暴。在编者所管理的网络中，曾出现过类似的故障案例。一台无线路由器，只要一接入网路，就会引起所在网段的广播风暴，导致该网段网速极慢，甚至根本无法访问。为了查找到故障原因，费了不少的周折。

因网线线序错误、表皮磨损或老鼠啃咬导致短路，或者因网卡故障，也可能导致端口自环。

端口的下级网络存在环路，这是端口环路最常见的情况。比如，学生寝室一般只有一个网络接口，但每间寝室有 4～8 位同学，因此，每间寝室一般都自行购买了傻瓜式的小交换机或无线路由器(有 4～8 个 LAN 口)。正常使用也没有什么问题，但经常会出现意料之外的网络故障。在一次对学生宿舍网络大面积瘫痪的故障排查中，最终定位到存在网络环路的寝室，进入寝室查看，发现该寝室使用了一台无线路由器，有 6 个 LAN 口，其中有一根网线的两端同时接在了该无线路由器的 LAN 口上，形成了环路。问其为什么要这样连接，学生回答说，她看到路由器旁边没有插接的网线头，因此将其全部接上了。像这种将一根网线的两端同时插接在同一台交换机上而形成环路的情况，经常会出现。

4.3　网络环路的诊断与处理方法

4.3.1　网络环路的诊断

网络环路会引起严重的广播风暴，导致交换机负荷过重或死机，网速急剧变慢或网络瘫痪无法访问。对网络环路的诊断，可从以下几方面来着手。

(1) 登录出现故障的汇聚层交换机和接入层交换机，查看是否有网络环路存在。

目前，为了应对端口环路故障，较新型号的交换机一般都支持端口环路检测(loopback-detection)功能。只要在交换机上开启了端口环路检测功能，通过执行相关的查看指令，即可诊断出该交换机的端口是否存在端口环路。

对于华为或华三公司交换机，执行“display loopback-detection”指令，即可查看到当前交换机的所有端口是否存在端口环路。

```
<zhonghelou>display loopback-detection
Loopback-detection is running
Detection interval time is 30 seconds
Following port(s) has(have) loopback link:
  Ethernet0/22
```

从以上输出信息可见，Ethernet0/22 端口存在环路。此时，可将 Ethernet0/22 端口上所连接的网线拔出，隔离网络环路对汇聚层交换机的影响。再在 Ethernet0/22 端口所级联的接入层交换机上检查哪些端口存在端口环路，检查方法与此相同。检查出来后，将相关端口上的网线拔出，隔离故障。

若交换机端口没有出现环路，查看的结果显示如下：

```
<zhonghelou>display loopback-detection
 Loopback-detection is running
 Detection interval time is 30 seconds
 There is no port existing loopback link
```

(2) 通过故障现象，大体判断是否出现了网络环路。

对于早期型号的交换机，没有端口环路检测和保护功能。对于这些交换机的环路检查，相对要麻烦一些。可从以下几方面来大体判断是否出现了网络环路。

① ping 出现故障的网段的网关地址，若响应报文的延迟时间超过 400ms，则大致可判断出网段内有病毒攻击或存在网络环路。

② 检查汇聚层交换机的 CPU 使用率，若使用率较高，则该汇聚层交换机下的各网段可能存在网络环路或病毒攻击。下面是出现网络环路时，在一台汇聚层交换机上查看到的 CPU 使用率情况。

```
<zhonghelou>display cpu
CPU busy status:
    42%  in last 5 seconds
    31%  in last 1 minute
    33%  in last 5 minutes
```

③ 查看网络故障范围内的汇聚层交换机和接入层交换机，观察交换机指示灯的闪烁频率。对于那些指示灯狂闪的端口，很有可能存在端口环路。

4.3.2 网络环路的处理方法

对网络环路故障的处理，首要的目标是找到环路故障点，然后拔除相关网线，消除网络环路。

对于支持和开启了端口环路检测和保护的交换机，端口环路故障点的查找比较方便。首先在汇聚层交换机上查看哪一个端口存在环路，然后在该端口所级联的接入层交换机上查看哪一个或哪几个端口存在环路。找到后，拔出这些端口上的网线，即可解除网络环路对网络的影响。最后，细查用户端，找到形成网络环路的原因。网络环路消除后，在接入层交换机上将拔出的网线插回去。

对于不支持端口环路检测功能的交换机，可使用排除法来查找定位存在网络环路或有病毒攻击的端口。查找步骤和方法如下：

(1) 拿一台笔记本电脑接入出现故障的网段，使用 ping 命令一直 ping 网关地址，以便在拔网线排查过程中观察是否找到了存在环路或有病毒攻击的端口。

(2) 在汇聚层交换机上逐一拔出级联网线，查找存在环路或有病毒攻击的端口。

为减小拔除网线的工作量，通常先拔出端口指示灯闪烁频率很高的端口上的网线。一次只拔出一根网线，然后观察 ping 报文的延迟时间和掉包情况。若延迟时间仍然很大或仍然掉包严重，说明刚才拔出的网线不是故障点。继续拔出下一根网线，再观察 ping 的情况。若 ping 报文的延迟时间一下子变短，恢复到 10ms 左右，也不掉包了，说明故障点找到，刚才所拔出的网线存在环路或有病毒攻击。为了进一步验证，可重新将刚才所拔出的网线插回去，如果此时 ping 报文的延迟时间又急剧增长，说明故障点查找正确。

这一步操作主要是找出网络环路或病毒攻击来自哪一台接入层交换机。将找到故障点的网线重新插回汇聚层交换机，在接入层交换机上进一步查找网络环路或病毒攻击来自哪一个端口。

(3) 根据找到的存在故障点的网线，找到其下级联的接入层交换机。然后，在接入层交换机上，用同样的方法，逐一拔出接入层交换机端口上的网线，查找存在环路或有病毒攻击的端口。

(4) 在接入层交换机上找到存在环路或病毒攻击的端口后，将端口上的网线拔除，使网络恢复正常。

(5) 根据接入层交换机端口上所连接的网线的编号，找到存在环路或病毒攻击的房间，查看终端用户处的网线连接情况，消除网络环路。如果终端用户处不存在网络环路情况，则检查终端用户的电脑系统，查看是否感染病毒或木马。若是，清除病毒或木马。

(6) 终端用户处的网络环路消除或病毒清除后，在接入层交换机上，将拔出的网线插回去，恢复网络接入。

4.4　网络环路检测与保护

对于网络拓扑环路，可在交换机上启用和配置生成树协议。交换机彼此间对生成树协议的 BPDU(Bridge Protocol Data Unit)报文进行交换和计算，并根据 BPDU 报文选出一个准备使用的端口并把形成环路的其他端口阻塞，以消除环路，实现将有环路的网络修剪成无环路的树型网络，避免环路的存在和广播风暴的产生。

有关生成树协议的启用和配置方法，本书不作讲解，可参阅其他书籍。本节主要针对端口环路，介绍目前可用的网络环路检测与保护技术。

4.4.1 环路检测原理与处理方式

1. 环路检测的原理

环路检测(loopback-detection)是通过软件方式检测网络中是否存在环路以及环路是否已经消失的一种技术。环路检测是基于端口和 VLAN 的,其目的是监测交换机的端口是否出现环路。

环路检测是针对中、低端交换机推出的一种环路检测技术。高端交换机由于所处的网络层次较高,无须环路检测功能,一般也不提供环路检测功能,即使提供该项功能,也不建议使用。

环路检测的原理是通过在设备的端口上发送一种特殊的报文,并检测该报文是否能够从发送出去的端口送回来,来确定这个端口上是否存在环回情况。由于网络是一个随时都有可能变动的对象,因此环路检测是一个持续的过程,交换机会每隔一定的时间间隔(默认30s)进行一次检测,以确定各个端口上是否存在环回,以及上次发现存在环回的端口上的环回是否已经消失。

2. 环路检测的处理方式

当在交换机上开启端口的环路检测功能后,交换机便定时监测各个端口是否被外部环回。

① 对于 Access 端口,系统会对端口所属的 VLAN 发送监控报文。

② 对于 Trunk 端口和 Hybrid 端口,会根据配置决定只对端口的默认 VLAN 进行环路检测,或对所有的 VLAN 进行环路检测。

若发现某端口被环回,交换机将根据配置决定是否将该端口设置在受控工作状态下:

① 对于 Access 端口,无论是否配置 loopback-detection control enable 命令,当系统检测到端口存在环路后,都会将该端口置于受控工作状态。也就是说,如果系统发现端口被环回,则关闭该端口,并上报 Trap 信息,同时删除该端口对应的 MAC 地址转发表项,并禁止该端口对 MAC 地址的学习功能。

② 对于 Trunk 端口和 Hybrid 端口,若系统发现端口存在环路,当端口的环路检测受控功能未开启时,只上报 Trap 信息;当端口的环路检测受控功能开启时,除上报 Trap 信息之外,还将关闭该端口,删除该端口对应的 MAC 地址转发表项,禁止该端口对 MAC 地址的学习功能。

3. 环路检测的好处

对于中、低端交换设备,只要设备支持环路检测功能,建议启用和配置环路检测功能。开启环路检测功能,对于网络维护和管理,具有以下好处:

① 当交换机检测到端口存在环路时,交换机可自动向网管系统发送 Trap 告警信息,使网管人员能及时发现和定位到网络中存在的环路,得到尽快解决,避免出现长时间的断网现象。

② 由于环路检测是动态检测并可根据配置自动处理，对于支持端口受控（端口隔离、端口 MAC 地址学习受控）的交换机，可以实现自动维护。当环路消失时，交换机会自动取消对端口的受控，恢复端口的网络接入功能，从而实现将环路对网络的影响减至最小，并能减轻网管人员的工作负担。

4.4.2　环路检测配置命令

不同厂商的交换机对环路检测的配置命令不相同，即使同一厂商的交换机，由于时间跨度较大，设备型号众多，对端口环路检测和受控功能开启的默认处理方式也各不相同，读者在具体配置时，还应注意参阅交换机的配置使用手册。

1. 华为/华三公司交换机环路检测配置

（1）相关配置命令

① loopback-detection enable

命令功能：该命令在系统视图或端口视图下执行，用于开启端口的环路检测功能。在系统视图下的配置将对所有端口生效，在端口视图下的配置只对当前端口生效。

对于华为公司的低端交换机，一般情况下默认开启端口的环路检测功能和受控功能；中端交换机一般默认关闭环路检测和受控功能。不同型号的交换机的默认处理方式各不相同。

② loopback-detection interval-time *time*

命令功能：设置定时监测端口环回情况的时间间隔。*time* 的默认值为 30s，为可选配置。

③ loopback-detection control enable

命令功能：开启 Trunk 端口和 Hybrid 端口的环路检测受控功能。

对于华为公司的低端交换机，一般默认开启 Trunk 端口和 Hybrid 端口的环路检测受控功能；对于中、高端交换机，一般默认关闭。

④ loopback-detection per-vlan enable

命令功能：配置系统对当前 Trunk 或 Hybrid 端口上所有的 VLAN 进行环路检测。默认情况下，系统只对 Trunk 或 Hybrid 端口上的默认 VLAN 进行环路检测。

⑤ display loopback-detection

命令功能：显示端口环路检测功能的相关信息。比如，查看是否存在端口环路。

（2）环路检测功能的配置建议

① 接入层交换机。对于直接接入用户的接入层交换机，建议打开交换机的环路检测功能，对所有端口所有 VLAN 进行环路检测。对于 Access 端口，所有型号的交换机都默认开启受控功能。

对于交换机的上行级联口，配置环路检测功能，但关闭端口的受控功能。

② 汇聚层交换机。对于汇聚层交换机，如果下挂的交换机支持并打开了环路检测功能，配置端口的环路检测功能，并关闭端口的受控功能。若下挂的交换机不支持环路检测，则建议打开端口的环路检测功能，同时打开端口的受控功能。

汇聚层交换机的上行口若运行的是路由模式，则不用开启环路检测功能（环路检测在二层运行）。若运行的是 Trunk 模式，则打开环路检测功能，但关闭端口的受控功能。

2. 锐捷公司交换机的环路检测配置

(1) 智能链路检测技术简介

智能链路检测（Rapid Link Detection Protocol，RLDP）是锐捷公司自主开发的一个用于快速检测以太网链路故障的链路协议。利用 RLDP 协议，可方便、快速地检测出以太网设备的链路故障，包括单向链路故障、双向链路故障和环路链路故障。

单向链路故障是指端口连接的链路只能接收报文或者只能发送报文（比如，由于光纤的收、发线对接错所导致的单向接收或单向发送）。

双向链路故障是指链路两端的帧收、发都出现了故障。交换机的端口在发出 RLDP 探测报文后，一直无法接收到响应报文或邻居的探测报文，那么该链路将被认为是双向故障。双向故障包含了单向故障。

环路故障是指端口连接的链路上出现了环路。

RLDP 协议定义了两种协议报文，即探测报文（Probe）和探测响应报文（Echo）。RLDP 协议会在每个配置了 RLDP 协议并且是 linkup 的端口周期性地发送本端口的 Probe 报文，并期待邻居端口响应该探测报文，同时期待邻居端口发送自己的 Probe 报文。如果一条链路在物理和逻辑上都是正确的，那么一个端口应该能收到邻居端口的探测响应报文以及邻居端口的探测报文，否则链路将被认定是异常的。

若交换机在某个端口上收到了从这个端口发出的 RLDP 报文，则该端口将被认为是出现了环路故障，于是 RLDP 协议会根据用户的配置，对这种故障做出处理。处理方法有 4 种，分别是 warning（告警）、block（关闭端口学习状态）、shutdown-port（设置端口违例）和 shutdown-svi（关闭端口所在的 SVI）。一个 SVI（Switch Virtual Interfaces，交换虚拟接口）代表着一个 VLAN 接口。

(2) 环路检测配置

对于锐捷公司交换机，配置环路检测可遵循以下步骤和方法来进行。

① 首先在配置模式下，执行 rldp enable 命令，开启 rldp 协议。

```
(config)#rldp enable
```

② 在端口配置模式下，执行 rldp port loop-detect shutdown-port 命令，开启端口的环路检测。一旦检测到环路，立即关闭该端口。

例如，若要将交换机的 G0/1～G0/23 端口配置启用端口环路检测功能，则配置方法如下所示：

```
(config)#rldp enable
(config)#interface range gigabitEthernet 0/1-23
(config-if-range)#rldp port loop-detect shutdown-port
```

对于级联端口，一般不配置端口环路检测功能。若要配置，建议将出现环路后的处理方式配置为 warning（告警），即向网管系统发送 Trap 消息，配置指令为：

```
rldp port loop-detect warning
```

配置端口环路检测后，若要查看是否有端口因存在环路被关闭，可在特权模式下，通过执行查看端口状态的 show interfaces status 命令来完成。对于因存在环路被关闭的端口，其状态为“disable”。正常上线的端口状态为“up”，下线的端口状态为“down”。

习　题　4

1. 以下协议中，不属于生成树协议的是(　　)。
   A. STP　　B. RSTP　　C. MSTP　　D. RLDP
2. 以下描述的情况中，不会形成网络环路的是(　　)。
   A. 在没有启用生成树协议的网络环境中，使用双链路级联交换机
   B. 将一根网线的两端同时接在同一台交换机上
   C. 在启用和配置了生成树协议的网络环境中，将三台交换机相互级联起来
   D. 在没有启用生成树协议的网络环境中，将三台交换机相互级联起来
3. 以下描述中，不正确的是(　　)。
   A. 使用生成树协议，可以预防和消除所有网络环路情况
   B. 使用生成树协议，无法预防和消除端口环路
   C. 双绞线线序错误或因表皮磨损而短路，有可能造成端口环路
   D. 交换机端口损坏或用户的网卡故障，有可能造成端口环路
4. 以下关于交换机端口环路的描述，不正确的是(　　)。
   A. 交换机端口环路，将引起广播风暴
   B. 交换机端口出现环路，将导致交换机 MAC 地址学习错误
   C. 交换机端口出现环路，交换机负荷会明显加重，严重时可能导致交换机死机
   D. 交换机端口不可能出现自环现象
5. 以下关于网络环路故障的描述，正确的是(　　)。
   A. 当网络出现广播风暴导致网络大面积瘫痪时，一定是因为网络中出现了环路
   B. 当网络出现广播风暴，某汇聚层交换机的 CPU 利用率急剧增大时，可以断定该台交换机的端口或下联端口存在网络环路
   C. 在没有启用和配置生成树协议的网络环境中，网络环路故障严重时可导致整幢楼无法正常访问网络
   D. 当发现某交换机的某个端口的指示灯闪烁频率非常高时，可以断定该端口上存在环路
6. 以下关于端口环路检测的描述，不正确的是(　　)。
   A. 使用生成树协议可以预防和消除端口环路
   B. 对于华为或华三公司交换机，通过配置启用端口环路检测和受控功能，当端口出现环路时，交换机会自动隔离存在环路的端口，使网络不受环路的影响
   C. 若交换机的级联口配置端口环路检测，并开启端口的受控，则当有环路存在时，该级联口将变为不可用，级联交换机上所连接的用户都将无法访问网络，用户影响面较广。因此，级联口一般应关闭受控功能

D. 锐捷公司交换机使用 RLDP 协议来实现对端口环路的检测

实训 4　配置网络环路检测与保护

【实训目的】 掌握网络环路检测与保护功能的配置方法。

【实训设备】 锐捷公司二层交换机或三层交换机 1 台，实训测试用 PC 机至少 2 台。

【实训内容与要求】

1. 构建实训网络环境。实训测试用的 PC 机全部连接在锐捷交换机上。PC 机的 IP 地址设置为同一个网段的地址，然后通过 ping 方式检查 PC 机彼此间能否互相访问。

2. 用一根网线直接将锐捷公司交换机的某 2 个端口环起来。然后，在一台 PC 机中利用带“-t”参数的 ping 命令，去 ping 另一台 PC 机。观察是否还能 ping 通，有无掉包现象，以及掉包的严重程度。若掉包很严重，拔掉引起环路的网线，再观察掉包现象是否解除，网络是否恢复正常。

3. 在锐捷公司交换机中，对除上联口以外的其余所有端口配置环路检测和保护功能。

4. 再次用一根网线将交换机的某 2 个端口环起来，然后在一台 PC 机中利用带“-t”参数的 ping 命令去 ping 另一台 PC 机，观察 ping 的情况是否正常，是否有严重的掉包现象。若 ping 的情况正常，没有掉包现象，说明环路保护功能生效。

5. 登录到交换机，执行 show interface status 命令，查看各端口的状态，重点查看被环起来的两个端口当前的状态。

第 5 章　域名与用户端故障的诊断与处理

因为域名服务器设置错误，或者所设置的域名服务器无法进行正常的域名解析，或者因非常 DCHCP 服务器的干扰，均会导致用户无法正常上网。本章针对这两方面的网络故障，介绍其诊断与处理的方法。

5.1　域名解析引起的网络故障

目前，用户访问因特网，基本上都采用域名地址。若域名无法正常解析，将导致用户无法正常访问因特网的各项服务(比如 Web 服务、邮件服务等)。

5.1.1　域名系统概述

1. 域名系统简介

网络主机间的相互通信，在网络层采用的是 IP 地址。由于 IP 地址是数字式的，不表意，而且较难记忆，因此在访问因特网的各种服务(比如 Web 服务)时，普遍使用域名地址来代替直接使用 IP 地址进行访问。域名地址表意性强，且便于记忆。但计算机系统不能直接识别域名地址，计算机间的相互通信，最终还是要使用 IP 地址。因此，必须要有一个系统来实现域名地址与 IP 地址之间的相互转换，这个系统就是域名系统(Domain Name System)，简称为 DNS。能实现和提供域名解析服务的服务器，就称为 DNS 服务器。

域名系统是因特网系统不可缺少的服务之一，属于因特网的核心服务。DNS 服务器与客户端的通信采用 DNS 协议来实现。DNS 服务器使用 UDP 53 号端口提供域名解析服务。

在 DNS 服务诞生之前，由于当时联网的计算机数量很少(最早互联网上只有 4 台主机)，于是就采用了一个非常简单的办法来实现域名解析，那就是在每台主机上利用一个 Hosts 文件实现域名解析。域名与 IP 地址的对应关系存放在该文件中。这个 Hosts 文件，目前的计算机系统仍然保留并使用。Hosts 文件位于 Windows\System32\Drivers\etc 目录中，其默认内容如图 5.1 所示。

从文件内容可见，该文件默认将 localhost 解析为 127.0.0.1 的 IP 地址。若用户有需要解析的域名，可将其添加在该文件中来实现。不过，添加在该文件中的域名解析，仅在本主机有效。

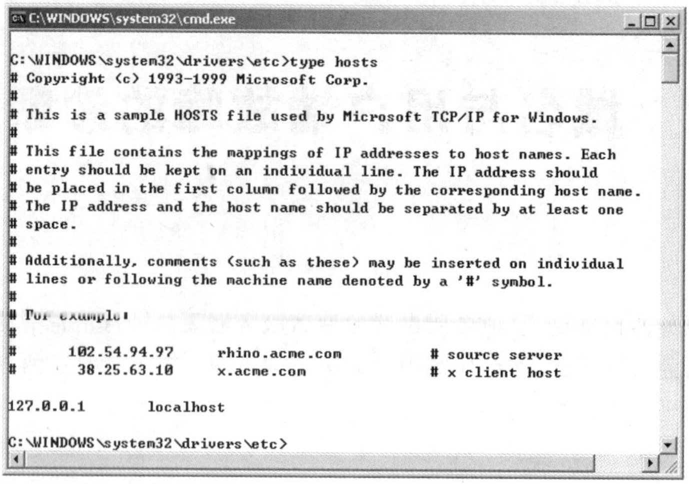

图 5.1 Hosts 文件的内容

部分 AV 病毒会将各种杀病毒软件的升级网址的域名添加到用户的 Hosts 文件中，并将这些升级网站的域名解析为 127.0.0.1，从而达到让杀病毒软件无法升级的目的。因此，当用户发现域名解析异常时，应注意查看 Hosts 文件的内容。

2. 域名系统结构

DNS 系统采用分布式的解决方案，并使用分布式的数据库来存储域名与 IP 地址的对应关系。没有采用集中存储的解决方案。

因特网管理委员会规定，域名空间的解析权都归根服务器所有，根服务器对因特网上的所有域名享有完全的解析权。DNS 系统采用委派技术，将 DNS 系统改变为树型结构。

首先，根服务器使用委派操作，将对各类顶级域名的解析分别委派给它的下一级域名服务器。比如，将以.com 结尾的域名的解析权委派给位于根服务器的下级，专门负责对.com 域名解析的服务器。如法炮制，根服务器将.net、.org、.edu、.gov 等域名的解析权分别委派给对应的服务器，这些被根服务器委派的域名称为顶级域名，如图 5.2 所示。

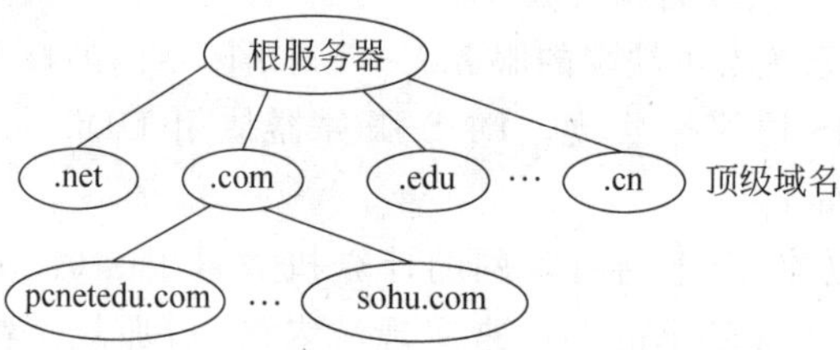

图 5.2 域名服务器彼此间的委派关系

传统的顶级域名有.com（代表商业机构）、.net（代表网络组织）、.org（代表非营利组织）、.edu（代表教育机构）、.mil（代表军事组织）和.gov（代表政府部门）。新增的顶级域名有以下几个：

① .biz 适用于商业公司（biz 是 business 的习惯缩写）。

② .info 适用于提供信息服务的企业。

③ .name　专用于个人的顶级域名。

④ .pro　专用于医生、律师、会计师等专业人员的顶级域名(pro 是 professional 的习惯缩写)。

⑤ .coop　专用于商业合作社的顶级域名(coop 是 cooperation 的习惯缩写)。

⑥ .aero　专用于航空运输业的顶级域名。

⑦ .museum　专用于博物馆的顶级域名。

除此之外,根服务器还针对不同国家的国家域名进行了域名解析委派。例如,将以.cn 结尾的域名的解析权委派给中国互联网络信息中心(CNNIC)。将以.jp 结尾的域名解析权委派给日本互联网管理中心。像.cn、.jp 这些代表国家的顶级域名被称为顶级地理域名或者国家顶级域名。由于全球国家数量很大,因此,顶级地理域名很多。

每个被委派的 DNS 服务器同样使用委派的方式向下发展。比如,若要申请使用 pcnetedu.com 域名,申请者必须向负责国际域名管理的机构,即国际互联网名称和地址分配组织(The Internet Corporation for Assigned Names and Numbers,ICANN)递交域名注册申请。只要该域名没有被他人注册使用,就可以注册申请该域名。以.cn 结尾的域名由 CNNIC 负责管理,应向 CNNIC 提交域名注册申请。

域名注册申请通过之后,负责对.com 域名解析的服务器会将对 pcnetedu.com 域名的解析权委派给具体实现对 pcnetedu.com 域名解析的服务器。该服务器可以是个人或公司自己的域名服务器,也可以是域名解析服务商的域名解析服务器。在该服务器上,具体实现对 pcnetedu.com 域名的解析操作。

通过这种委派技术,域名空间就可形成分布式的解析架构。这种架构将域名解析权下放到各公司自己的 DNS 服务器或域名服务商的 DNS 服务器上,有利于负载均衡和分担流量,并有利于对域名的及时更新和维护。

前面介绍了域名系统的体系结构,下面简要介绍域名的表达格式。域名的表达格式如下所示,主机名与各级子域名采用英文句点分隔。低级别的域名在左边,高级别的域名在右边,最右侧的为顶级域名。

主机名.第 n 级域名…第二级域名.顶级域名

例如域名 www.pcnetedu.com,其中的 www 为该域下面的一个主机的名称(主机名)。在一个域下面,根据应用需要,可创建任意多个主机。比如,若再创建一个名叫 mail 的主机,就形成了 mail.pcnetedu.com 域名。其中的 pcnetedu 为第二级域名,com 为顶级域名。

3. 域名解析过程

当用户在浏览器中输入要访问的域名地址(比如 www.pcnetedu.com)并按 Enter 键后,首先触发一个域名查询请求。域名查询请求报文将被送达用户主机所设置的首选 DNS 服务器,通常是 ISP 服务商的 DNS 服务器。

用户所设置使用的 DNS 服务器收到域名查询请求后,首先在自己的 DNS 缓存中查询是否有该域名的解析记录。若有,则响应用户的域名查询请求;若没有,则检查自己能否对该域名进行解析。若能解析,则响应用户的域名查询请求;若不能解析,则向 DNS 的根服务器发出域名查询请求。

根服务器收到域名查询请求后，发现这个域名是以.com结尾的，于是回应一个查询响应报文。在该响应报文中，将告诉查询者委派负责.com域名解析的域名服务器的域名和IP地址。被委派负责.com域名解析的域名服务器有多台，在响应报文中均会列出。查询者可向这些被委派的域名服务器中的任意一台，进一步发起域名查询请求。

用户所设置使用的DNS服务器在收到根服务器的响应报文之后，根据响应报文告知的负责.com域名解析的域名服务器的IP地址，向这些委派的域名服务器中的任意一台重新发出域名查询请求。

负责.com域名解析的域名服务器在收到域名查询请求之后，会回复一个响应报文。在响应报文中，将告诉查询者pcnetedu.com域名委派给了哪些域名服务器进行解析。在响应报文中，会列出这些被委派的域名服务器的域名和IP地址。

用户所设置使用的DNS服务器在收到负责.com域名解析的服务器的响应报文之后，就可知道具体负责pcnetedu.com域名解析的权威域名服务器的地址了。

接下来，DNS服务器向这些权威域名服务器中的任意一台发起域名查询请求。权威域名服务器在收查询请求后，回应一个响应报文。在该响应报文中，有该域名对应的IP地址信息。DNS服务器收到该响应报文后，将查询结果保存在自己的DNS缓存中，下次再查询该域名时，就直接从缓存中取结果，不用再向根域名服务器重新发起查询请求，从而提高查询速度和效率。为保证DNS缓存中的记录的有效性，DNS缓存具有老化期。

用户所设置使用的DNS服务器获得域名的查询结果后，再以DNS响应报文的形式，响应用户的域名查询请求，用户主机就获得了域名对应的IP地址。接下来，采用该IP地址，向该服务器发起TCP连接请求。

5.1.2 域名解析检测命令

要检测某一个域名能否正常解析出对应的IP地址，有两种方法。第一种方法是利用ping命令ping该域名，从命令的输出信息中，若能看到该域名对应的IP地址，则说明域名解析正常。

例如，若要检查www.cqu.edu.cn域名解析是否正常，在命令行执行“ping www.cqu.edu.cn”命令，其输出结果如下所示。

```
C:\Users\admin>ping www.cqu.edu.cn
正在 ping www.cqu.edu.cn [202.202.0.35] 具有 32 字节的数据:
来自 202.202.0.35 的回复: 字节=32 时间=192ms TTL=109
来自 202.202.0.35 的回复: 字节=32 时间=198ms TTL=109
来自 202.202.0.35 的回复: 字节=32 时间=192ms TTL=109
来自 202.202.0.35 的回复: 字节=32 时间=193ms TTL=109
202.202.0.35 的 ping 统计信息:
    数据包: 已发送=4, 已接收=4, 丢失=0 (0% 丢失),
往返行程的估计时间(以毫秒为单位):
    最短=192ms, 最长=198ms, 平均=193ms
```

从输出结果的第一行信息可见，该域名对应的IP地址为202.202.0.35，域名解析正常。若输出结果为“Ping请求找不到主机www.cqu.edu.cn。请检查该名称，然后重试”。

的信息，说明域名无法正常解析。

第二种方法是利用 nslookup 命令来诊断域名解析是否正常。有关 nslookup 命令的用法，在 1.5 节已介绍，此处不再讲解。nslookup 命令可灵活设置使用指定的域名服务器来解析域名，以诊断域名解析是否正常。

5.1.3　域名解析故障的诊断与处理

域名解析故障的诊断相对比较简单。以访问网站为例，如果使用 IP 地址能正常访问某网站，而用域名无法访问该网站，则可断定是本机的域名解析出了问题。

导致客户机无法正常解析域名的原因有两种可能。

第一种可能是用户主机的首选 DNS 服务器地址设置错误，导致无法正常解析域名。对于这类情况，又可细分为以下几种情况：

① 用户设置的 DNS 服务器并不是一台真正的 DNS 服务器。比如，用户在设置 DNS 服务器的 IP 地址时，不小心将 IP 地址设置错误。对于这类错误，不仅是指定的域名无法正常解析，所有的域名都将无法正常解析。

② 用户设置的 DNS 服务器非本网内的 DNS 服务器，由于响应速度慢，导致域名解析因超时而无法解析。

例如，使用中国联通网络作为互联网出口的用户，正常情况下应设置联通服务商所提供的 DNS 服务器，但若用户误将 DNS 服务器的地址设置为电信网络的 DNS 服务器，则有可能因联通用户访问电信的 DNS 服务器速度慢而超时，出现域名无法正常解析的问题。

中国电信和中国联通网络互访速度慢的问题，在个别城市比较明显，比如重庆市。在其他城市，可能速度较快，不存在这个问题。

③ 用户设置使用的首选 DNS 服务器出现故障，无法正常提供域名解析服务。比如，DNS 服务器因受到攻击或拒绝服务。

④ 用户主机的 Hosts 文件对该域名进行了解析，但解析得到的 IP 地址并不是正确的 IP 地址。这种可能性小，但可能性是存在的。比如，AV 病毒程序在 Hosts 文件中添加对 www.rising.com.cn 域名的解析，将该域名解析为 127.0.0.1，此时用户使用 www.rising.com.cn 域名就无法访问该网站。

⑤ 用户的首选 DNS 服务器设置的是局域网内的 DNS 服务器，而该 DNS 服务器没有设置转发器，将该 DNS 服务器无法解析的域名向指定的转发器转发域名解析请求，导致域名无法正常解析。

第二种可能是指定域名的权威 DNS 服务器出了故障，或者是该域名的解析服务被域名管理员停止了，导致域名无法正常解析。比如，域名因没有及时续费，被域名服务商暂停了域名解析。

因此，当初步诊断确定是域名解析故障之后，接下来应首先查看是不是用户主机的首选 DNS 服务器设置错误导致域名无法正常解析。若 DNS 设置错误，则修改为正确的 DNS 服务器即可。如果 DNS 服务器的地址设置正确，应判断是不是权威 DNS 服务器的故障所致，这可通过 nslookup 命令来确定。

5.2 非法DHCP引起的网络故障

非法 DHCP 服务器的存在，将会为用户分配错误的 IP 地址、网关地址和 DNS 服务器地址等信息，导致用户无法正常访问网络。

5.2.1 DHCP 概述

1. DHCP 简介

DHCP 的全称为 Dynamic Host Configuration Protocol，即动态主机配置协议，是一种简化主机 IP 地址配置和管理的协议。利用该协议，允许 DHCP 服务器向客户端提供 IP 地址和其他相关配置信息(子网掩码、默认网关、DNS 服务器地址、租用时间等)。

DHCP 属于应用层协议，在传输层使用 UDP 协议工作。DHCP 服务使用 UDP 67 号端口提供相应的服务。DHCP 采用 C/S 运行机制，DHCP 服务器属于 Server 端，用户主机就是 Client 端。

在网络管理中，通过启用 DHCP 服务，可以让 DHCP 客户端在每次启动后自动获取 IP 地址和相关配置参数，减少了配置管理。在计算机数量众多并且划分多个子网的网络中，DHCP 服务的优势更加明显，可避免因手工设置 IP 地址及子网掩码所产生的错误，也可避免把一个 IP 地址分配给多台主机所造成的 IP 地址冲突问题，从而大大缩短网络管理员在主机地址配置上所耗费的时间，减轻管理员的设置负担。

2. DHCP 工作原理

当用户的 IP 地址获取方式设置为“自动获得 IP 地址”时，才会向 DHCP 服务器申请分配 IP 地址。申请获得的 IP 地址有一个租用期，在租用期内，都会固定获得该 IP 地址。

当用户主机设置为自动获得 IP 地址，并在一个租用期指定的时间范围内首次接入网络时，客户机会向网络中的 DHCP 服务器发出一个 DISCOVER 报文。报文中的源 IP 地址为 0.0.0.0，目标地址为 255.255.255.255，即以广播方式发送报文，如图 5.3 所示。网络中的每台主机都会收到该报文，但只有 DHCP 服务器才会响应该报文。DISCOVER 报文中包含源主机的 MAC 地址。

第 1 个 DISCOVER 报文的等待时间预设为 1 秒。发出该报文后 1 秒之内，若没有收到响应报文，会发出第 2 个 DISCOVER 广播报文。第 2 个报文的等待时间为 9 秒，第 3 个报文和第 4 个报文的等待时间分别为 13 秒和 16 秒。如果 4 次发送都没有收到响应报文，则宣告 DISCOVER 失败。5 分钟之后将重试。

DHCP 服务器收到 DISCOVER 广播报文之后，将从 IP 地址池中为其分配一个未使用的 IP 地址，如图 5.4 所示，以广播形式响应 DHCP 客户机一个 OFFER 报文。如果网络中有多台 DHCP 服务器，则这些 DHCP 服务器都会给客户端回复响应报文。

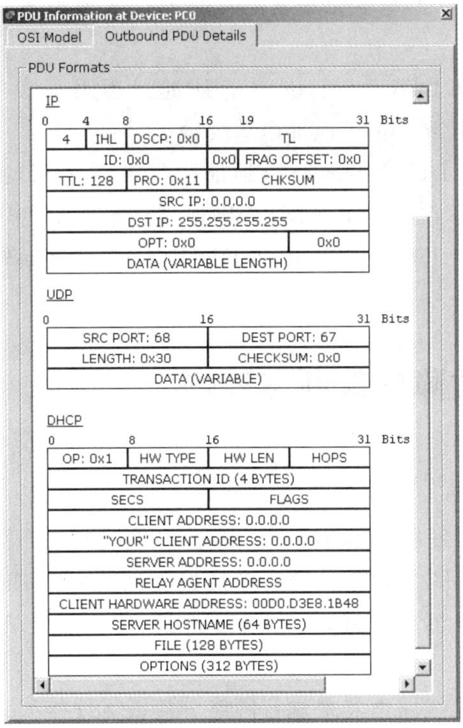

图 5.3　客户机发出的 DISCOVER 报文

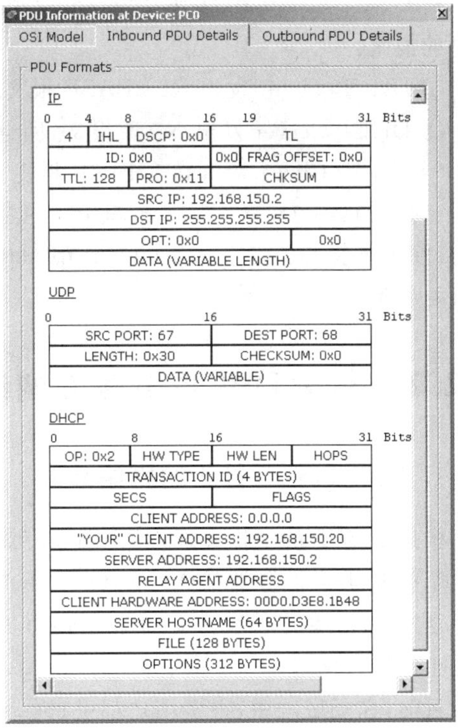

图 5.4　服务器响应的 OFFER 报文

若客户端主机收到的 DHCP 响应报文有多个，则会选择最先抵达的响应报文，然后以广播形式发出 REQUEST 请求报文(报文中包含它将接受的 IP 地址)，向 DHCP 服务器请求获取参数配置信息(子网掩码、默认网关、DNS 服务器地址、租用时间等)。

DHCP 服务器收到 REQUEST 报文后，验证资源是否可以分配。如果可以分配，则分配资源并发送 ACK 报文，确认 IP 租约正式生效，这样客户端就可使用 DHCP 为其分配的 IP 地址了。其他 DHCP 服务器收到 REQUEST 广播报文之后，若发现客户端没有选择使用自己所提供的 IP 地址，则收回为其所分配的 IP 地址。

在租约期内，DHCP 客户机下次重新接入网络时，不用再发送 DISCOVER 报文，而是直接发送包含前一次所分配到的 IP 地址的 REQUEST 请求报文。当 DHCP 服务器收到该报文后，它将尝试让 DHCP 客户机继续使用原来的 IP 地址，并响应一个 ACK 确认报文。若该 IP 地址已被其他主机占用无法再分配，则将响应一个 NAK 否认报文。客户机收到 NAK 否认报文后，将重新发起 DISCOVER 报文，申请分配新的 IP 地址。

DHCP 的报文交互过程如图 5.5 所示。

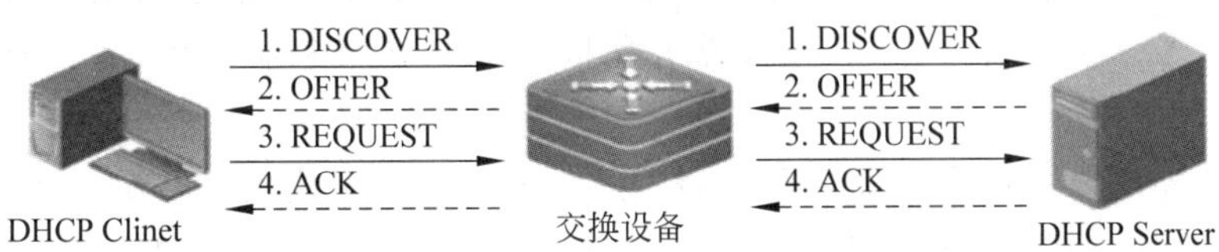

图 5.5　DHCP 报文的交互过程

在 DHCP Client 和 DHCP Server 之间除了以上基本交互过程的报文之外，还存在以下类型的报文：

① DHCP Client 发出 RELEASE 报文，告知 DHCP Server 终止 IP 地址租用。

② DHCP Server 发出 NAK 报文，回复 DHCP Client 地址申请失败。

③ DHCP Client 发出 DECLINE 报文，告知 DHCP Server 该地址存在冲突，不可使用。

另外，如果 DHCP Client 和 DHCP Server 不在同一个子网内，则申请地址需要 DHCP 中继(DHCP Relay)的支持。DHCP 中继代理在 DHCP Client 和 DHCP Server 之间转发 DHCP 数据报文。

5.2.2 非法 DHCP 引起的网络故障的诊断与处理

1. 非法 DHCP 导致的网络故障

根据 DHCP 的工作原理，客户端以广播方式发出 DISCOVER 报文后，能收到该广播报文的所有 DHCP 服务器都会回复 OFFER 响应报文，而客户端选择最先收到的 OFFER 报文。这样一来，客户端容易受到非法 DHCP 服务器的干扰，获得错误的 IP 地址信息，导致无法正常接入网络。

目前，在局域网中，很多用户都爱选择使用无线路由器来进行网络分接或无线接入。无线路由器默认开启了内置的 DHCP 服务，用户在使用无线路由器产品时，通常没有注意关闭该项服务，这样就会干扰和影响局域网内使用动态 IP 分配的用户，导致这些用户有可能分配到错误的 IP 地址。

无线路由器产品的 DHCP 地址池通常为 192.168.1.0/24 或 192.168.0.0/24 段的地址。若用户采用的是自动获得 IP 地址的配置方案，本身属于 192.168.173.0/24 网段，在这种情况下，若有用户使用了无线路由器并且没有关闭其内置的 DHCP 服务功能，则该网段的用户很可能错误地获得 192.168.1.0/24 或者 192.168.0.0/24 网段的地址，导致用户无法上网。

2. 网络故障的诊断与处理

非法 DHCP 只对采用自动获得 IP 地址配置方案的用户，才会造成干扰和影响，对于采用手工静态设置 IP 地址的用户，没有影响。

由非法 DHCP 引起的网络故障，其诊断处理相对较简单，步骤如下：

(1) 首先在用户主机的命令行执行“ipconfig/all”命令，查看用户所获得的 IP 地址、网关地址、首选 DNS 服务器等 IP 配置信息，核对用户所获得的 IP 地址所属的网段和该用户真正所属的网段是否一致。若不一致，说明有非法 DHCP 服务器干扰，为其分配了一个错误的 IP 地址。

(2) 在确认有非法 DHCP 服务器干扰之后，接下来应该找到这些非法的 DHCP 服务器，并停止其服务。现在的关键点是如何操作才能找到这些非法的 DHCP 服务器。

① 非法 DHCP 服务若是因用户使用无线路由器设备引起的，则查找定位比较方便。无线路由器通常提供了 Web 配置页面，其 DHCP 地址池的网段和无线路由器的管理地址

属于同一个网段，管理地址通常采用的是该网段的第一个可用的地址，因此，对于这类非法 DHCP 服务器，其查找定位方法为：

若用户被非法 DHCP 服务器分配到的是 192.168.1.0/24 网段的地址，则在该台用户机上打开 IE 浏览器，然后在浏览器地址栏输入"http://192.168.1.1"，访问该非法 DHCP 服务器所在设备的管理配置页面，试着用设备的默认用户名和密码登录。登录成功后，将其 DHCP 服务停止，即可解除该台 DHCP 服务器对网络的干扰和影响。然后对用户的网卡进行"禁用"，再重新"启用"，让网卡重新申请获得 IP 地址。再在命令行执行"ipconfig/all"命令，查看此时获得的 IP 地址是否正确。若正确，则问题解决；若不正确，说明还有其他非法 DHCP 服务器的干扰，用同样的方法进行查找和解决。

② 非法 DHCP 服务若是因网内其他用户安装了 DHCP 服务软件造成的，则查找定位起来相对麻烦一些，此时无法使用前面介绍的登录其配置页面来关闭 DHCP 服务了，不过，可采用 Sniffer 或 Wireshark 捕包分析软件来抓包分析，找出非法 DHCP 服务器。

在局域网中，经常会遇到用户在安装服务软件时，不小心安装或启用了 DHCP 服务，干扰和影响网络的正常运行。比如，用户在 Windows Server 2003/2008 操作系统中安装配置了 DHCP 服务，并启用了 DHCP 服务；或者安装了代理服务软件，而这些代理服务软件激活了 DHCP 服务功能。

5.2.3　屏蔽非法 DHCP 与阻止用户私设 IP

本节针对锐捷交换机设备，介绍锐捷公司提供的 DHCP-Snooping 技术。利用该项技术，可以屏蔽非法 DHCP 服务器对网络的干扰和影响，并能阻止网内用户私设 IP 地址，只允许使用合法 DHCP 服务器为其分配的 IP 地址，这解决因用户私设 IP 地址，造成与其他用户 IP 冲突的问题。

1. DHCP 应用给网络管理带来的问题

在网络中启用 DHCP 服务，可大大降低对用户 IP 地址设置和管理的工作量，但同时带来了一些新的问题。这些问题主要表现在以下两方面：

① 由于 DHCP 报文在客户端和服务器的交互过程中没有认证机制，若网络中存在非法 DHCP 服务器，无法保证客户端从管理员指定的 DHCP 服务器处获得合法的 IP 地址，客户机有可能从非法 DHCP 服务器获得 IP 地址等配置信息，导致 IP 地址分配混乱，获得错误 IP 地址的用户无法正常接入网络。

② 在部署了 DHCP 服务的子网中，如果出现用户私自设置 IP 地址，有可能造成 IP 地址冲突，影响用户的正常网络接入。

为解决这些问题，锐捷公司推出了 DHCP-Snooping 技术，利用该项功能，锐捷的交换机设备可以屏蔽非法 DHCP 服务器、过滤非法 DHCP 报文和防止用户私设 IP。

2. DHCP-Snooping 技术简介

DHCP-Snooping 简称 DHCP 窥探。DHCP-Snooping 具有屏蔽非法 DHCP 服务器和过滤非法 DHCP 报文的功能，解决了 DHCP Client 和 DHCP Server 之间报文交互的安全

问题，并能提供安全过滤数据库。

在锐捷交换设备上配置启用 DHCP-Snooping 功能之后，就可实现对 DHCP Client 和 DHCP Server 之间 DHCP 交互报文的窥探。通过窥探来自非信任端口的 DHCP 报文的交互过程，把用户成功申请到的 IP 地址、用户 MAC、所属 VLAN、端口、租约时间等信息组成一个用户记录表项，添加到 DHCP-Snooping 数据库中。该数据库可以为 IP 报文过滤和 ARP 报文过滤提供依据。DHCP-Snooping 数据库最多可存储 512 个绑定记录。

DHCP-Snooping 数据库的记录格式如下所示：

```
MacAddress     IpAddress     Lease(sec) Type            VLAN      Interface
----------- ---------- -------- ---------------- -------------
00d0.f866.471c 192.168.10.2  2591469    dhcp-snooping    1   GigabitEthernet 0/5
```

DHCP-Snooping 数据库具有添加、更新和删除功能。当客户端成功申请到 IP 地址后，交换设备会自动将其添加到 DHCP-Snooping 数据库中。当客户端成功续约后，会更新 DHCP-Snooping 数据库中的租约时间。当客户端发出 DHCP RELEASE 报文或者地址租约到期后，会删除对应的 DHCP-Snooping 数据库表项。DHCP-Snooping 数据库也允许管理员进行手工添加或删除。

为了防止设备重新启动导致数据库中的用户信息丢失，DHCP-Snooping 提供定时将数据库中的用户信息写入 Flash 的功能。设备在重启后，自动从 Flash 加载 DHCP-Snooping 数据库，保证之前申请到 IP 的 DHCP 合法用户可以正常使用网络。

若要手工操作实现将 DHCP-Snooping 数据库立即写入到交换机的 Flash 存储器中，则可在交换机的全局配置模式执行"ip dhcp snooping database write-to-flash"命令。若要配置每隔一定的时间保存一次，采用以下命令来实现：

```
ip dhcp snooping database write-delay seconds
```

seconds 的取值范围为 600～86400，单位为秒。

3. 非法 DHCP 报文的拦截原理

DHCP-Snooping 的一个重要功能就是实现对非法 DHCP 报文进行拦截，其内容包括屏蔽非法 DHCP 服务器和过滤非法 DHCP 报文。

(1) 屏蔽非法 DHCP 服务器

为了屏蔽非法 DHCP 服务器，将交换设备的端口划分为 DHCP 信任口和非信任口两种类型。所有端口均默认为非信任口。DHCP-Snooping 通过软件方式，对 DHCP 报文进行处理，如图 5.6 所示。

将合法 DHCP 服务器所连接的端口配置为信任口，其他端口默认为非信任端口。对于 DHCP 客户端发出的请求报文，交换设备仅将其转发至信任端口。对于 DHCP 服务器的响应报文，交换设备仅转发从信任口收到的响应报文，丢弃所有来自非信任口的响应报文。

在图 5.6 所示的网络环境中，对于 PC1 和 PC2 所发出的 DHCP DISCOVER 报文，交换机仅将其转发到信任口。这样，只有合法的 DHCP Server1 会收到 DHCP 的请求报文。对于 DHCP Server1 和 DHCP Server2 发出的 DHCP OFFER 报文，交换机仅转发来自信任口的 DHCP Server1 服务器的响应报文，丢弃来自非信任口的 DHCP Server2 的响应报文。

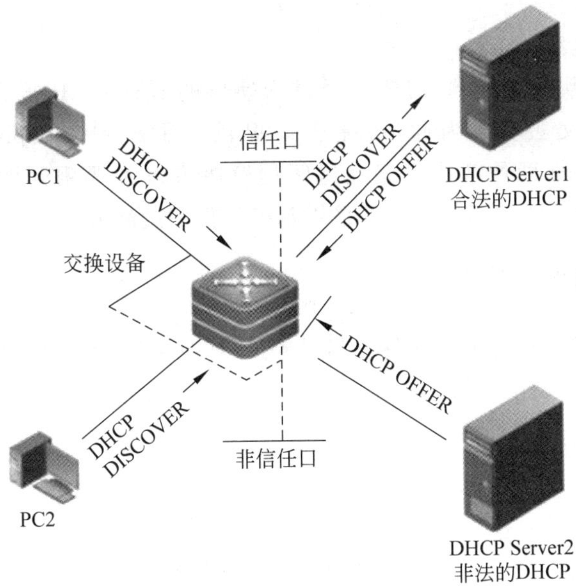

图 5.6 DHCP 信任口与非信任口对 DHCP 报文的处理方式

(2) 过滤非法 DHCP 报文

DHCP-Snooping 对经过设备的 DHCP 报文将进行合法性检查，并过滤非法 DHCP 报文。以下几种类型的报文将被认为是非法的 DHCP 报文：

① 非信任口收到的 DHCP 服务器的响应报文，包括 ACK、NAK 和 OFFER 等报文。

② 经过 DHCP 中继转发的 DHCP 客户端请求报文。

③ 在开启 DHCP-Snooping 源 MAC 校验功能时，如果 DHCP Client 发出的 DHCP 报文中所携带的客户端 MAC 地址与报文链路层头部的源 MAC 地址不一致，则视为非法报文。

④ 如果收到的 RELEASE、DECLINE 报文信息与 DHCP-Snooping 数据库中的记录不一致，则视为非法报文。

4. IP 报文过滤与 ARP 报文过滤

借助 DHCP-Snooping 数据库提供的信息，锐捷交换设备还可实现基于硬件的 IP 报文过滤和基于软件的 ARP 报文过滤(DHCP-Snooping+DAI)。

(1) 基于硬件的 IP 报文过滤，实现阻止用户私设 IP

IP 报文硬件过滤功能是采用硬件对 IP 报文进行合法性检查。合法用户发送的 IP 报文允许通过，非法用户发送的 IP 报文被过滤。

对于合法用户和非法用户的判断依据来自 DHCP-Snooping 数据库。这样就可实现只允许在 DHCP-Snooping 数据库中存在相应表项的用户才能发送 IP 报文。对于私设 IP 地址的用户，由于在 DHCP-Snooping 数据库中没有相应的表项，交换设备将丢弃这些用户的 IP 报文，这些用户将无法正常接入网络，从而达到阻止用户私设 IP 的目的。

对于启用了 DHCP 服务的子网，启用该功能，可阻止用户私设 IP，避免 IP 冲突。

当打开 IP 报文硬件过滤功能后，DHCP-Snooping 会将 DHCP-Snooping 数据库信息添加到硬件过滤表中。

(2) ARP 报文过滤

为了解决 ARP 欺骗的问题，需要对经过交换机的所有 ARP 报文做合法性检查和过滤，将 ARP 欺骗报文丢弃。为此，锐捷公司提供了 DHCP-Snooping＋DAI 和 DHCP-Snooping＋ARP-Check 两种解决方案。这两种解决方案都要用到 DHCP-Snooping 数据库，前者采用基于软件的过滤方式，后者采用基于硬件的过滤方式。

5. 配置步骤与配置方法

(1) 首先，在交换机的全局配置模式打开 DHCP-Snooping 全局开关，启用该项功能。

配置命令：

```
ip dhcp snooping
```

配置示例：

```
Ruijie# config t
Ruijie(config)# ip dhcp snooping
```

若 DHCP 服务器与 DHCP 客户端不在同一个网段，则需要在交换机上打开 DHCP 中继功能，并配置指定 DHCP 服务器的 IP 地址。相关配置命令为：

开启 DHCP 中继功能，配置命令：

```
service dhcp
```

指定 DHCP 服务器的 IP 地址，配置命令：

```
ip helper-address dhcp_address
```

以上两个配置命令均在全局配置模式下运行。

例如，若 DHCP 服务器的 IP 地址为 192.168.252.253，则配置方法为：

```
Ruijie(config)# service dhcp
Ruijie(config)# ip helper-address 192.168.252.253
```

(2) 通过配置 DHCP 信任口，实现屏蔽非法 DHCP 服务器。

如果合法的 DHCP 服务器就连接在所要配置的交换机上，则将连接合法 DHCP 服务器的端口配置为信任口，其他连接用户的端口不用配置，保持默认的非信任口状态即可。

若合法的 DHCP 服务器没有连接在所要配置的交换机上，比如，合法 DHCP 服务器连接在核心交换机上或 DMZ 区的接入交换机上，则将交换机的上联口配置为 DHCP 信任口即可。一般情况下，接入层交换机的上联口和汇聚层交换机的上联口都应配置为 DHCP 信任口。

配置命令：

```
ip dhcp snooping trust
```

命令功能：设置端口为 DHCP 信任端口。该命令在接口配置模式下运行。

【例 5.1】 现有一台汇聚层交换机 S3760E-24，其上联口为 GigabitEthernet 0/26。接

入层交换机 S2352G 的上联口为 GigabitEthernet 0/50，用于上联汇聚层交换机 S3760E-24。DHCP 服务器连接在 DMZ 区的接入交换机上，IP 地址为 192.168.252.253，与所有用户的网段地址均不相同。试对交换机进行配置，实现屏蔽非法 DHCP 服务器。

（1）配置汇聚层交换机

```
Ruijie>enable
Ruijie#config t
Ruijie(config)#ip dhcp snooping
Ruijie(config)#service dhcp
Ruijie(config)#ip helper-address 192.168.252.253
Ruijie(config)#int gi0/26
Ruijie(config-GigabitEthernet 0/26)#ip dhcp snooping trust
Ruijie(config-GigabitEthernet 0/26)#end
Ruijie#write
Ruije#exit
```

（2）配置接入层交换机

```
Ruijie>enable
Ruijie#config t
Ruijie(config)#ip dhcp snooping
Ruijie(config)#service dhcp
Ruijie(config)#ip helper-address 192.168.252.253
Ruijie(config)#int gi0/50
Ruijie(config-GigabitEthernet 0/50)#ip dhcp snooping trust
Ruijie(config-GigabitEthernet 0/50)#end
Ruijie#write
Ruije#exit
```

目前，交换机的级联口一般为千兆，且多为光口和电口的复用类型。即同一个编号的端口提供了两个物理接口，一个是光口，一个是电口，供用户选择使用双绞线还是使用光纤。这两个物理接口，只能任选其一，不能同时使用。交换机默认使用的是电口。若用户要选择使用光口，则必须在该端口的配置模式执行“medium-type fiber”命令。执行“medium-type copper”命令选择使用电口。

（3）配置对非法 DHCP 报文进行检查过滤

配置命令：

```
ip dhcp snooping verify mac-address
```

命令功能：配置交换机检查从非信任端口接收到的 DHCP 报文的源 MAC 地址，是否与报文中的 client 字段的 MAC 地址匹配。若不匹配，则视为非法 DHCP 报文，直接丢弃。该项配置为交换机默认的。该命令在全局配置模式下运行。

```
Ruijie(config)#ip dhcp snooping verify mac-address
```

（4）在接入用户主机的端口上，通过配置地址绑定，实现防止私设 IP 地址的用户使用网络。该项功能通过交换机硬件对非法 IP 报文进行过滤来实现。

例如，在例 5.1 所示的网络环境中，要求对接入层交换机进行配置，实现防止私设 IP 地址的用户使用网络。

分析：接入层交换机的 GigabitEthernet 0/50 为上联口；GigabitEthernet 0/1 至 GigabitEthernet 0/48 用于连接最终用户；GigabitEthernet 0/49 为备用的级联口，保留未用。因此，对接入层交换机的 GigabitEthernet0/1 至 GigabitEthernet0/48 号端口，均应配置地址绑定。

```
!选择要配置的端口
Ruijie(config)#int range gi0/1 -48
Ruijie(config-if-range)#ip dhcp snooping address-bind
Ruijie(config-if-range)#end
Ruijie#write
```

在交换机端口上配置地址绑定功能之后，用户只能通过 DHCP 服务器动态分配 IP 地址，才能接入网络。若用户手工自行设置 IP 地址，则交换机将直接丢弃该用户的 IP 报文，用户是无法接入网络的。这样，很好地实现了防止用户私设 IP 地址，避免了因私设 IP 而引起网内 IP 冲突。

(5) 在应用 DHCP 服务的网络环境中，若有部分用户因特殊原因需要使用静态 IP 地址，有两种解决方案。

第一种方案：将要静态使用的 IP 地址，不包含在 DHCP 地址池中。若 IP 地址属于地址池的起始范围之内，则配置修改 DHCP 服务器的地址池，将其排除，使之不包含在地址池中。然后，针对连接这些要使用静态 IP 地址的交换机端口，不配置地址绑定命令。

第二种方案：向 DHCP-Snooping 数据库手工添加静态绑定记录，实现这些静态设置 IP 的用户能接入和访问网络。

要实现手工静态绑定，必须知道用户主机的 IP 地址、MAC 地址、VLAN 号和所接入的交换机端口号。

配置命令：

```
ip dhcp snooping binding mac_address vlan_id ip ip_address interface interface_type
_and_number
```

命令功能：向 DHCP-Snooping 数据库手工添加静态绑定记录。

该命令在全局配置模式下运行。

例如，若 IP 地址为 192.168.6.133 的用户，其 MAC 地址为 0015.c5b5.5cfd，连接在接入层交换机的 FastEthernet 0/30 端口上，接入层交换机没有划分 VLAN。因此，在该交换机上应属于 VLAN 1，则实现向 DHCP-Snooping 数据库添加静态绑定记录的命令为：

```
Ruijie# config t
Ruijie(config)#ip dhcp snooping binding 0015.c5b5.5cfd vlan 1 ip 192.168.6.133
interface fa0/30
Ruijie(config)#exit
Ruijie#write
```

若要从 DHCP-Snooping 数据库删除一条地址绑定记录，则使用带 no 的绑定命令，例如：

```
no ip dhcp snooping binding 0015.c5b5.5cfd vlan 1 ip 192.168.6.133 interface fa0/30
```

5.3　用户端常见的网络故障

用户端主机常见的网络故障主要有以下几方面。

(1) 主机IP地址信息和DNS服务器配置错误，这是最常见的情况。该情况又可细分为以下几种：

① 在没有应用DHCP服务的子网，用户设置为自动获得IP地址，导致无法获得正确的IP地址。

诊断方法：在用户主机的命令行执行“ipconfig/all”命令，查看是否获得正确的IP地址、网关地址和DNS服务器地址等IP配置信息。

处理方法：根据用户所属的网段，手工静态设置正确的IP地址、子网掩码、网关地址、首选DNS服务器和备用DNS服务器的地址。

② 在没有应用DHCP服务的子网，用户手工设置的IP地址、子网掩码、默认网关、首选DNS服务器地址之一不正确，都可能导致用户无法正常上网。

诊断与处理方法：查看用户主机的IP配置信息，与分配给用户的IP地址信息进行对比，不正确的，修改为正确的设置。

在实际应用中，经常会遇到一些用户乱设IP地址，引起IP冲突，或者将IP地址设置为其他网段的地址，或者误设置为网络地址或广播地址(在对网段进行了子网划分的网络，容易出现这种情况)，导致无法上网。

默认网关设置错误，将导致用户无法与其他网段通信，也表现为无法上网。

DNS服务器设置错误，或者所设置的DNS服务器因故障无法正常解析，也会导致用户无法上网。诊断方法是首先ping网关地址是否通，若通畅，说明用户到汇聚层交换机这一段的网路没有问题。接下来，可用IP地址访问因特网的网站，若能访问，而用域名不能访问，说明是DNS服务器解析方面的故障。

若出现某一个网站不能访问，而其他网站能访问的情况，则首先判断该网站的域名解析是否正常。若无法解析，说明该网站的域名解析有问题，比如因为没有续费，域名解析服务被暂停；若能解析，说明是对方网站的问题，或者是因网站没有备案，被通信管理局给封禁了。目前，网站若没有备案或备案不成功，通信管理局会给网站的接入服务商下达封禁指令，封禁网站的TCP 80和TCP 8080端口，导致被封的网站无法访问。被封禁的网站域名解析可能正常，也能ping通，但无法访问其Web服务。

③ 在应用了DHCP服务的子网，用户私设IP地址，导致因IP冲突而无法上网。

诊断与处理方法：查看用户主机的IP地址获得方式，与用户所在网段的实际分配方式进行对比，若不一致，则修改用户的IP地址获得方式，保证用户获得正确的IP地址等配置信息。

(2) 在局域网中，用户使用无线路由器进行分接，上联网线误接在无线路由器的WAN端口，导致这部分用户无法上网。

诊断处理方法：检查用户网线的连接情况，将上联网线改接在无线路由器的LAN端口，其余用户的网线也接在LAN口上。

(3) 使用无线路由器或傻瓜式小交换机进行分接的用户，突然出现无法上网的情况，而其他没有使用无线路由器或傻瓜式小交换机进行分接的用户上网正常。

这种情况很可能是由于无线路由器或傻瓜式小交换机死机或上联网线松动所致。因此，诊断处理方法是首先检查设备上的各网线连接是否有松动，然后通过掉电再加电的方式重启无线路由器或傻瓜式小交换机。

(4) 用户主机感染病毒或木马，导致上网速度慢或时断时续。

诊断处理：用一台笔记本电脑替代用户主机，检查上网速度；或者 ping 网关地址，检查延迟时间和是否有掉包现象。若笔记本上网速度正常，说明问题出在用户主机，可进一步检查用户主机是否感染病毒或木马。

(5) 用户主机网卡故障，导致无法正常接入网络。

目前用户主机多使用集成网卡，因接触不良，导致网卡无法正常工作的几率较以前使用外插网卡的情况小多了。因为网卡硬件故障(比如损坏)或网卡驱动程序被一些清理软件误删除，导致网卡无法正常工作，也会导致用户无法上网。

(6) 用户端网线接触不良，导致掉包严重，将导致用户上网速度慢或无法上网。

诊断处理方法：在用户主机 ping 网关，检查延迟时间和掉包情况。若有掉包现象或者掉包率较高，说明用户网线可能有问题，可更换网线再进行测试。

因此，对于用户端网络故障，其检查步骤和思路为：首先检查用户 IP 地址配置信息是否正确，然后 ping 网关，检查到网关的网路是否通畅。

习　题　5

1. DNS 服务器使用(　　)端口提供服务。

   A. UDP 53　　B. TCP 53　　C. TCP 80　　D. UDP 67

2. 以下关于域名解析的描述，正确的是(　　)。

   A. 域名解析由用户主机所设置的首选 DNS 服务器来完成，该服务器能解析所有的域名

   B. 域名解析系统采用分布式体系结构，每台服务器都能解析所有的域名，以实现负荷分担

   C. 用户设置的首选 DNS 服务器相当于一个缓存 DNS 服务器，对于无法解析的域名，它将向根域名服务器发起域名查询请求，根域名服务器告诉它能解析该域名的权威域名服务器的地址后，首选 DNS 服务器再向权威域名服务器发起域名解析的请求，之后再将查询结果返回给用户主机，并在自己的缓存中保存本次的域名查询结果

   D. 用户主机的首选 DNS 服务器，必须设置为自己的 ISP 服务商所提供的 DNS 服务器

3. 以下域名中，属于国际域名的是(　　)。

   A. www. pcnetedu. com　　B. www. pcnetedu. com. cn

   C. www. cqnu. edu. cn　　D. www. cqhrss. gov. cn

4. 以下命令中，无法利用该命令检查出域名解析是否正常的是（　　）。
   A. ping　　B. nslookup　　C. tracert　　D. netstat -an
5. 要判断某一个 DNS 服务器能否对某一个域名进行正常解析，应使用的命令是（　　）。
   A. ping　　B. nslookup　　C. tracert　　D. netstat -an
6. DHCP 服务器使用（　　）端口提供相应的服务。
   A. UDP 67　　B. UDP 68　　C. UDP 161　　D. UDP 53
7. 以下关于锐捷 DHCP-Snooping 技术的描述，不正确的是（　　）。
   A. 通过配置使用 DHCP-Snooping 功能，可屏蔽非法 DHCP 服务器，避免这些服务器为用户分配错误的 IP 信息
   B. 通过配置使用 DHCP-Snooping 功能，可实现阻止用户私设 IP 地址
   C. DHCP-Snooping 功能将交换机端口划分为 DHCP 信任口和非信任口两类，默认均为 DHCP 非信任口
   D. 通过配置使用 DHCP-Snooping 功能，还可防止 ARP 欺骗

实训 5　屏蔽非法 DHCP 与阻止用户私设 IP

【实训目的】 掌握屏蔽非法 DHCP 与阻止用户私设 IP 的配置方法。

【实训设备】 锐捷二层交换机 1 台，测试用的 PC 机 2 台，DHCP 服务器 2 台。

【实训网络拓扑】 实训网络拓扑如图 5.7 所示。

【实训内容与要求】

1. 按图 5.7 所示，搭建好实训网络环境。

2. 安装配置好 2 台 DHCP 服务器。可信任的 DHCP 服务器的 IP 地址为 192.168.10.10，并配置 DHCP 地址池为 192.168.10.20 至 192.168.10.200，子网掩码为 255.255.255.0。用户网关地址为 192.168.10.1，DNS 服务器地址为 192.168.252.253。

非法的 DHCP 服务器的 IP 地址为 192.168.10.11，并配置 DHCP 地址池为 192.168.2.20 至 192.168.2.200，子网掩码为 255.255.255.0，用户网关地址为 192.168.2.1。

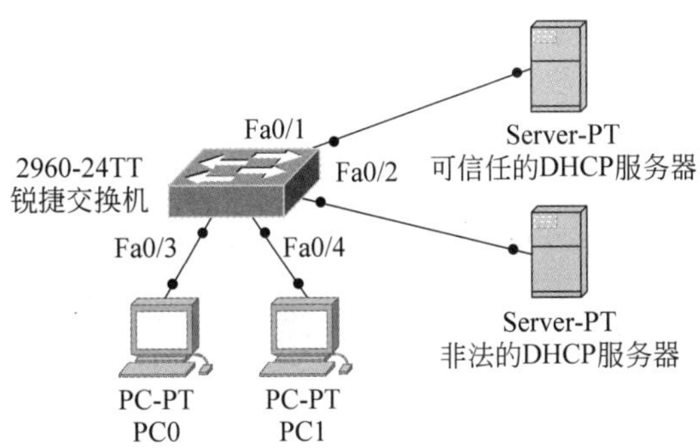

图 5.7　实训网络拓扑

3. 设置 PC0 和 PC1 主机为自动获得 IP 地址和自动获得 DNS 服务器。然后，分别查看 PC0 和 PC1 主机所获得的 IP 配置信息，观察所获得的 IP 地址是否为正确网段(192.

168.10.0/24)的地址,非法 DHCP 服务器对用户 IP 地址的获取是否造成干扰。

4. 对交换机进行 DHCP-Snooping 功能配置,实现屏蔽非法的 DHCP 服务器。除 Fa0/1 和 Fa0/2 端口之外,阻止其余端口上的用户私设 IP 地址上网。

5. 分别在 PC0 和 PC1 主机上,通过禁用网卡,然后重新启用网卡的方式,让计算机重新申请获得 IP 地址。观察此时用户主机所获得的 IP 配置信息是否受到非法 DHCP 服务器的干扰。

6. 首先查看 PC1 主机所获得的 IP 地址,然后将 PC0 主机的 IP 地址获得方式更换为手工静态指定,并将 PC0 主机的 IP 地址配置成与 PC1 主机相同。观察此时系统是否报告 IP 地址冲突。若没有报告,说明阻止用户私设 IP 地址上网的功能运行正常。

7. 在 PC1 主机上 ping 192.168.10.10,观察能否 ping 通。若能 ping 通,说明 PC1 主机的网络接入功能正常。然后,在 PC0 主机上 ping 192.168.10.10,观察能否 ping 通。若不能 ping 通,说明阻止 PC0 主机私设 IP 地址上网的功能运行正常。

8. 重新将 PC0 主机设置为自动获得 IP 地址,然后观察此时能否正常接入和访问网络。

第 6 章　ARP 攻击网络故障的诊断与处理

本章主要介绍 ARP 协议及其工作原理，ARP 协议的缺陷以及 ARP 病毒如何利用该缺陷对网络发起攻击，ARP 攻击的诊断与处理方法。

6.1　ARP 协议及其工作原理

1. ARP 协议简介

在数据链路层，以太网设备是根据设备的硬件地址（MAC）来进行寻址和数据帧的转发的。一台主机要将数据帧转发给目标主机，必须知道目标主机的 MAC 地址。而在网络层，是根据协议地址（IP 地址）来进行寻址和 IP 报文的路由转发的。因此，在 IP 地址与 MAC 地址之间，必须有能实现相互转换的机制和协议。

ARP（Address Resolution Protocol，地址解析协议）工作在数据链路层，在本层和硬件接口联系，同时对上层（网络层）提供服务。ARP 协议用于将 IP 地址转换为对应的 MAC 地址。RARP（Reverse Address Resolution Protocol，反向地址解析协议）用于将 MAC 地址转换为对应的 IP 地址。

ARP 和 RARP 协议使用相同的报头结构，如表 6.1 所示。

表 6.1　ARP 和 RARP 协议的报头结构

<table>
<tr><td colspan="2">硬件类型</td><td>协议类型</td></tr>
<tr><td>硬件地址长度</td><td>协议地址长度</td><td>操作类型</td></tr>
<tr><td colspan="2">发送者的硬件地址</td><td>发送者的协议地址</td></tr>
<tr><td colspan="2">目标的硬件地址</td><td>目标的协议地址</td></tr>
</table>

(1) 硬件类型字段用于指明硬件接口的类型。对于以太网，其值为 1。

(2) 协议类型字段指明发送方提供的高层协议的类型。对于 IP 协议，其值为 0x0800。

(3) 硬件地址长度和协议地址长度用于指明硬件地址和高层协议地址的长度，其单位为字节。对于 MAC 地址，其长度为 6，对于 IP 地址，其长度为 4。

(4) 操作类型字段用于表示这个报文的类型。ARP 请求为 1，ARP 响应为 2，RARP 请求为 3，RARP 响应为 4。

(5) 发送者的硬件地址字段用于提供发送者的硬件地址，即 MAC 地址。

(6) 发送者的协议地址用于提供发送者的协议地址。对于协议类型为 IP 的，为 IP 地址。

(7) 目标的硬件地址用于提供目标主机或目标设备的硬件地址。对于ARP请求报文，解码后这部分的值为00:00:00:00:00:00。这部分是要请求获得的信息部分。对于ARP响应报文，该字段的值就是所获得的目标主机或目标设备的MAC地址。

(8) 目标的协议地址用于提供目标主机或目标设备的协议地址，比如IP地址。

对一个ARP请求报文的解码如图6.1所示。从图中可见，该ARP请求报文是IP地址为192.168.0.92的主机(MAC地址为00:14:85:CA:F5:22)向IP地址为192.168.0.208的主机所发出的一个ARP请求报文，请求获得该目标主机的MAC地址。

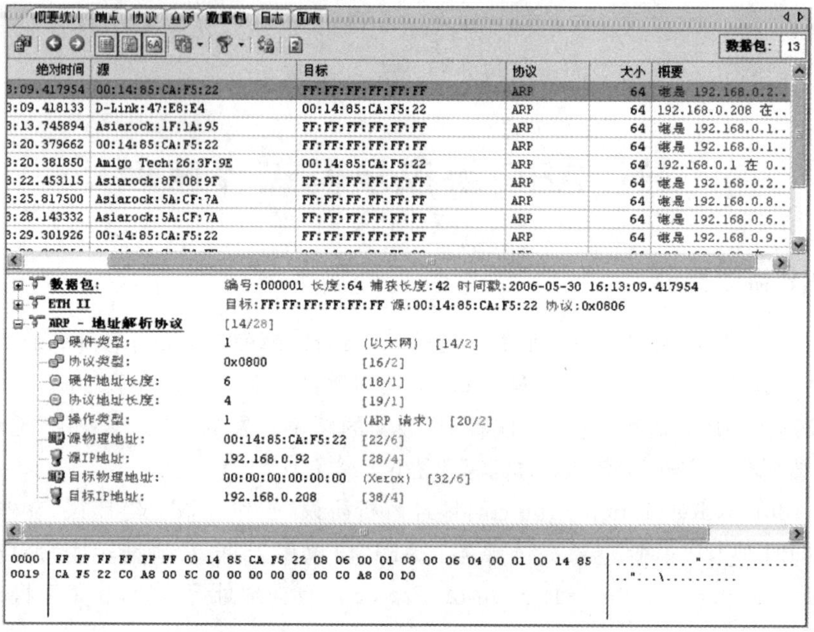

图6.1 对ARP请求报文的解码

2. ARP协议工作原理

为避免每次转发数据帧时，都要进行目标主机MAC地址的查询，ARP协议规定每台主机都应建立起一个ARP Cache(ARP缓冲区)，用于存储IP地址与MAC地址的对应列表，即ARP列表。

由于IP地址和MAC地址间的映射关系是动态变化的，为保证ARP缓冲区中的IP地址与MAC地址间的对应关系能得到及时更新，提高ARP缓存中记录的有效性，ARP协议使用老化机制，定时检查ARP缓存中的每条记录。若某条记录在规定的老化期时间内(默认为20分钟)未被使用过，则该条记录将被删除；若被使用到，则重置该条记录的老化期时间。若IP地址与MAC地址间的对应关系有变化，要更新其对应关系。

当一台主机收到ARP请求报文时，由于ARP请求报文中含有发起ARP请求的源主机的IP地址和MAC地址信息，此时主机会在自己的ARP缓存中查找是否有该IP地址的ARP列表项。若有，则用当前新的IP地址与MAC地址的对应关系更新ARP缓存中的该列表项。若无，则在ARP缓存中添加IP地址与MAC地址的对应列表项。从中可见，ARP协议赋予ARP Cache自动更新和学习的能力。

当一台主机收到 ARP 响应报文时，由于响应报文中含有目标主机的 IP 地址和 MAC 地址信息，因此，主机会将目标主机的 IP 地址与 MAC 地址的对应关系添加到自己的 ARP 缓存中，或对 ARP 缓存中已存在的列表项进行更新。

从中可见，通过对 ARP 请求报文的广播和对 ARP 响应报文的接收，各主机相互学习到对方的 IP 地址与 MAC 地址的对应关系，并保存在自己的 ARP 缓存中。

为简化起见，下面以在同一个网段内的数据通信为例，介绍 ARP 协议的工作过程。在图 6.2 中，所有主机通过两台二层交换机连接在同一个网段。在 IP 地址为 192.168.1.2 的 PC0 主机上，ping IP 地址为 192.168.1.26 的主机。下面分析 ARP 请求报文和 ARP 响应报文的传输过程和工作原理。

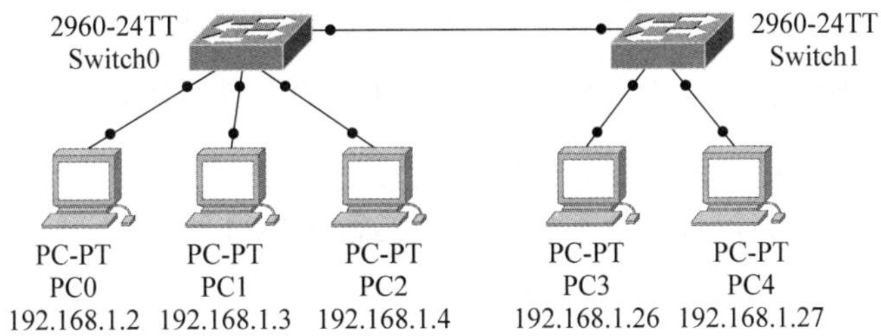

图 6.2　案例网络的拓扑结构

在 PC0 主机的命令行执行“ping 192.168.1.26”命令后，在发出第一个 ICMP 报文之前，PC0 主机会对目标主机(192.168.1.26)的 MAC 地址进行查询。只有获得目标主机的 MAC 地址之后，才会封装生成 ICMP 报文，然后将其发送出去。对目标主机的 MAC 地址的查询过程如下：

(1) PC0 主机首先在自己的 ARP 缓冲区中进行查询。若有目标主机的 IP 地址与 MAC 地址的对应关系，则获得目标主机的 MAC 地址。若没有，则以广播方式发出 ARP 请求报文，请求获取 IP 地址为 192.168.1.26 的主机的 MAC 地址，如图 6.3 所示。

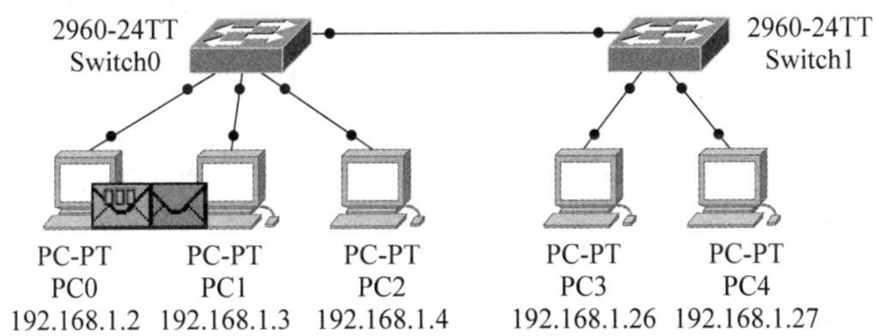

图 6.3　生成 ARP 请求报文

在图 6.3 中，PC0 主机图标上左侧的报文图标代表等待进行网络接入层封装的 ICMP 报文。在发送报文时，是由高层协议向低层协议逐层封装报头信息。对该报文的解码如图 6.4 所示。从图中可见，ICMP 报文还没有封装成 Ethernet Ⅱ 格式的数据帧。

PC0 主机图标上右侧的报文图标为即将发送出去的 ARP 请求报文，对该报文的解码如图 6.5 所示。从图中可见，ARP 请求报文中包含请求者的 IP 地址和 MAC 地址信息。

(2) 接下来，ARP 请求报文将由 PC0 主机到达其接入交换机。接入交换机收到该 ARP 请求报文后，将以广播方式广播到除 PC0 主机以外的其余所有端口。这样，PC1 和 PC2

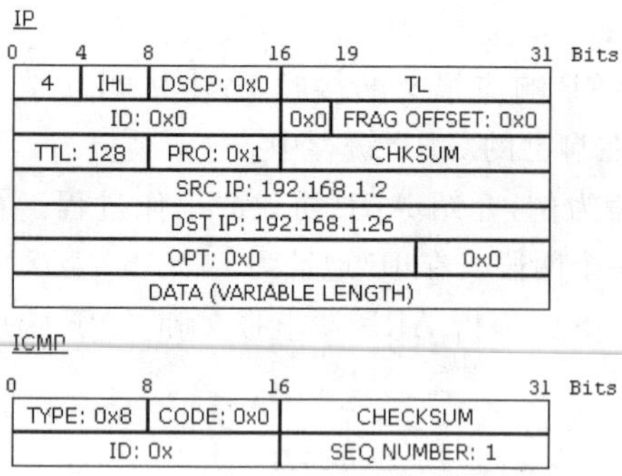

图 6.4　等待进行最后封装的 ICMP 报文的解码

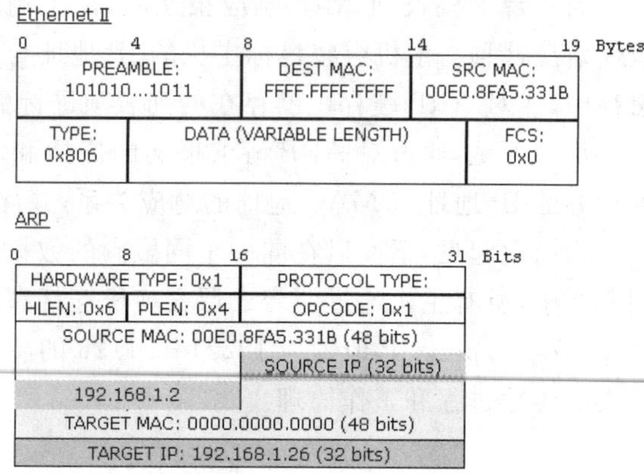

图 6.5　PC0 主机外发的 ARP 请求报文的解码

主机以及 Switch1 交换机均会收到该 ARP 请求报文。

PC1 和 PC2 主机收到该 ARP 请求报文之后，将比较目标 IP 地址是否与自己相同，即判断 ARP 报文是否是给自己的。如果不是，则丢弃，如图 6.6 所示。

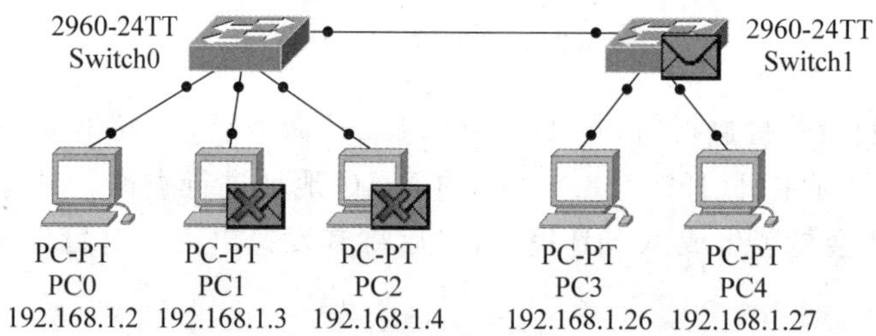

图 6.6　ARP 请求报文广播转发的过程

Switch1 交换机收到 ARP 请求报文之后，以广播方式将其广播到除接收端口之外的其余所有端口。这样，PC3 和 PC4 就会收到该 ARP 请求报文。由于 PC3 的 IP 地址与 ARP 请求报文中的目标 IP 地址相符，因此 PC3 会接收该 ARP 请求报文，而 PC4 会直接丢弃该报文。

(3) 目标主机 PC3 收到 ARP 请求报文之后，会将请求报文中包含的源 IP 地址和源 MAC 地址信息添加到自己的 ARP 缓存中。若缓存中已存在，则进行更新操作。然后，生成对应的 ARP 响应报文。响应报文的解码如图 6.7 所示。

从图 6.7 可见，ARP 响应报文中包含了目标主机的 IP 地址和 MAC 地址信息，所要请求的 MAC 地址已获得。ARP 响应报文的操作类型为 0x2。

PC3 主机的 ARP 缓存如图 6.8 所示。从图中可见，PC0 主机的 IP 地址和 MAC 地址对应关系被收录到了 ARP 缓存中。以后，PC3 主机要向 PC0 主机发送数据帧时，不用再发起 ARP 查询了，可直接从自己的缓存中获取。

(4) ARP 响应报文通过交换机直接转发，最终到达发起 ARP 请求的源主机 PC0，如图 6.9 所示。PC0 收到 ARP 响应报文之后，就知道目标主机的 MAC 地址了。PC0 会将目标主机的 IP 地址与 MAC 地址的对应关系添加到自己的 ARP 缓存中，如图 6.10 所示。然后，发出 ICMP 报文。

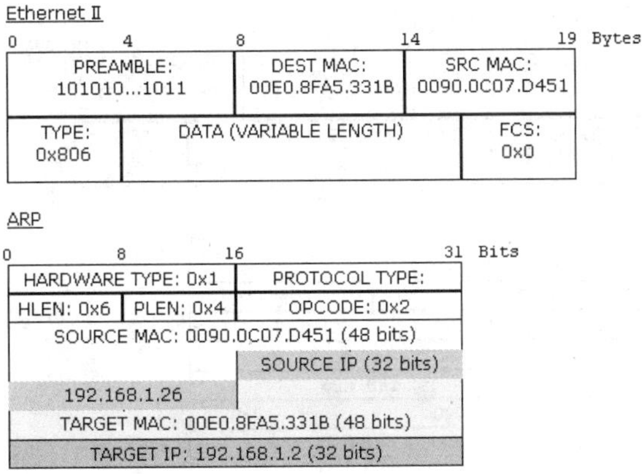

图 6.7 ARP 响应报文的解码

图 6.8 PC3 主机的 ARP 缓存

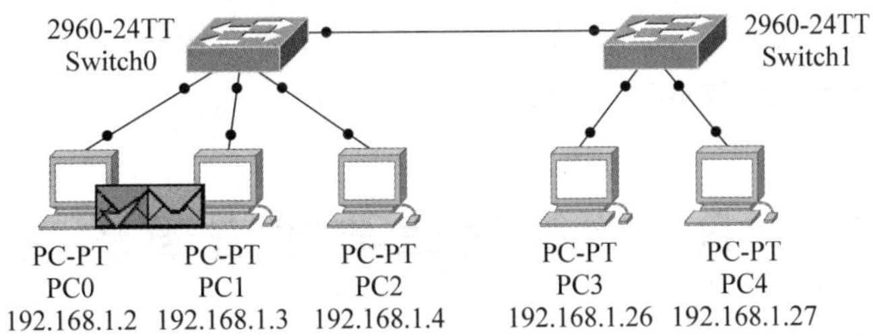

图 6.9 源主机收到 ARP 响应报文

图 6.10 PC0 主机的 ARP 缓存

对 ICMP 报文的解码如图 6.11 所示，与图 6.4 对比可见，最终生成并外发的 ICMP 报文已封装成 Ethernet Ⅱ格式的数据帧，可以在物理层中传输了。数据帧交给物理层传输时，还要在帧前面插入 8 字节的前同步码，其作用是使接收端在接收数据帧时能迅速实现比特同步。

3. ARP 协议的缺陷

ARP 协议是无状态的协议，是建立在信任所有节点的基础上的。这种运行机制高效，但不安全。ARP 协议没有规定主机必须要收到 ARP 请求报文后才能发送 ARP 应答报文，

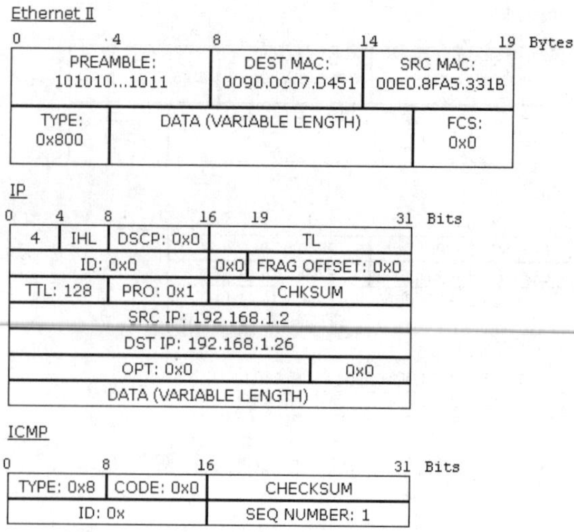

图 6.11　PC0 外发的 ICMP 报文的解码

也没有规定主机一定要发送过 ARP 请求报文后才能接收 ARP 应答报文。因此，用户主机不会检查自己是否发过请求报文，也不管是否是合法的应答报文，只要收到目标 MAC 地址是自己的 ARP 响应报文或 ARP 广播报文，都会接收这些报文并更新自己的 ARP 缓存。这就为 ARP 欺骗提供了可能。恶意节点可以构造和发布虚假的 ARP 报文，从而影响网内节点的正常通信，甚至可以发起“中间人”攻击。

6.2　ARP 欺骗原理与攻击源的定位

6.2.1　ARP 欺骗原理

弄清 ARP 协议的工作原理和存在的缺陷之后，利用其缺陷，通过伪造 ARP 请求报文或响应报文，就可发起 ARP 欺骗攻击。

在 ARP 欺骗中，最常见的是网关欺骗，下面介绍其欺骗原理和欺骗方法。

图 6.12 所示的网络拓扑结构是一幢楼的典型结构。该幢楼的所有 VLAN 均在汇聚层交换机上创建，网关地址也配置在汇聚层交换机上。各网段的网关地址、主机的 IP 地址和 MAC 地址如图 6.12 所示。

假设 PC0 主机要访问 PC2 主机。由于属于网段间的访问，PC0 主机的访问请求报文将首先转发给自己的网关地址，然后由网关将报文路由和转发给目标主机。

PC0 主机要将访问请求报文转发给自己的网关地址，就必须知道网关的 MAC 地址。因此，PC0 主机会首先在自己的 ARP 缓存中查询网关地址(192.168.1.1)对应的 MAC 地址。若找不到，会向网关地址发起 ARP 请求报文，请求获取网关的 MAC 地址。网关收到该 ARP 请求报文后，给源主机回复 ARP 响应报文。源主机收到 ARP 响应报文后，将网关的 IP 地址和 MAC 地址对应关系添加到自己的 ARP 缓存中，然后将访问请求报文封装成

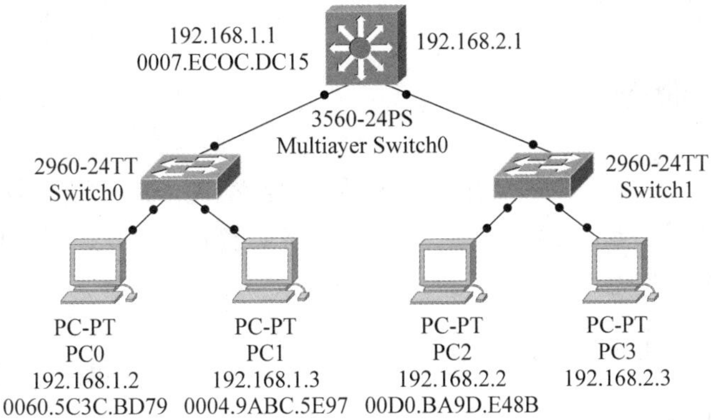

图 6.12　案例网络拓扑

数据帧转发给自己的网关。以后就由网关负责路由和转发报文。

以上通信过程是建立在正常通信的情况下的。在发起 ARP 查询的过程中，存在着一个缺陷，那就是 PC0 主机发起 ARP 请求，请求获得网关的 MAC 地址时，在正常情况下，应该只有网关响应这个 ARP 请求，回复 PC0 主机 ARP 响应报文。假设 PC1 是进行 ARP 欺骗攻击的主机。PC1 主机可主动响应这个 ARP 请求报文，或者周期性地向 PC0 主机发送伪造的 ARP 响应报文，响应报文中的源 IP 地址设置为网关地址(192.168.1.1)，而源 MAC 地址则伪造为 PC1 主机自己的 MAC 地址(0004.9ABC.5E97)。这样，PC0 主机就会收到错误的或者说是伪造的 ARP 响应报文，导致 PC0 主机的 ARP 缓存中有关网关地址的对应关系被更新，网关 IP 地址对应的 MAC 地址被错误地对应到了 PC1 主机的 MAC 地址，而不是网关真实的 MAC 地址。这样一来，以后 PC0 主机要向网关外发数据报文时，就被错误地转发给了 PC1 主机，而不是真实的网关。

PC1 主机接收到 PC0 主机所有外发的报文后，可进行自己需要的处理，比如窃取报文内容，然后将报文转发给真实的网关地址，让报文正常出去。如果 PC1 主机收到来自 PC0 的报文后，不转发，会导致 PC0 主机无法访问其他网段。

为了能接收到从网关发送给 PC0 的响应报文，实施 ARP 欺骗攻击的 PC1 主机通常还要同时对网关进行 ARP 欺骗。PC1 主机会周期性地向网关发送伪造的 ARP 响应报文。ARP 响应报文的源 IP 地址为 PC0 主机的 IP 地址，源 MAC 地址为 PC1 主机的 MAC 地址。网关收到这些 ARP 响应报文后，会更新 ARP 缓存，使得网关所在的交换机的 ARP 缓存中，PC0 主机的 IP 地址对应的 MAC 地址就错误地对应到了攻击者 PC1 的 MAC 地址上。以后，网关向 PC0 主机发送报文时，会被错误地转发给 PC1 主机。

从以上两个过程可见，PC1 主机实现了对 PC0 主机和网关的同时欺骗，PC1 主机起到了“中间人”或代理的角色。如果 PC1 主机转发 PC0 主机外发或回来的报文，则 PC0 主机仍能通信，只是由于要通过 PC1 主机的“中转”，速度上可能变慢，并且通信的数据被 PC1 主机窃取。PC1 主机根据需要，比如窃取用户的网游账户和密码，可控制让 PC0 用户上网出现时断时续，让用户重新登录网游，为窃取账户和密码提供更多的机会。因此，局域网内若感染 ARP 病毒，受到 ARP 欺骗攻击，其基本现象就是上网速度变慢，甚至无法访问，或者出现上网时断时续的现象。

由于 ARP 缓存有老化机制，因此，ARP 欺骗攻击会周期性连续进行，会不断发送进行

ARP 欺骗的 ARP 响应报文。

6.2.2 ARP 命令

使用 ARP 命令，可对 ARP 缓存中的记录进行操作。本节将针对 Windows 操作系统、Linux 操作系统、Cisco/锐捷交换机、华为/华三交换机，分别介绍 ARP 命令的功能和用法。

1. Windows 系统的 ARP 命令

(1) 查看 ARP 缓存

命令用法：ARP -a [*IP_Address*]

命令功能：若默认 *IP_Address* 参数项，则显示 ARP 缓存中的所有记录。若指定 *IP_Address* 参数，则显示与指定 IP 地址相对应的记录。

```
C:\>arp -a
Interface: 192.168.168.15 --- 0x10003
Internet Address    Physical Address     Type
192.168.168.1       00-e0-fc-23-c1-f2    static
192.168.168.4       00-1b-b9-50-4e-19    dynamic
192.168.168.6       00-24-1d-77-1b-08    dynamic
192.168.168.7       00-01-6c-18-88-ac    dynamic
192.168.168.10      00-1f-d0-d2-09-8a    dynamic
192.168.168.12      6c-f0-49-64-16-f1    dynamic
192.168.168.13      00-16-e6-82-39-b8    dynamic
```

对于 ARP 缓存记录，其类型有 static(静态)和 dynamic(动态)两种。静态记录的对应关系不会受 ARP 响应报文的影响，而且不受 ARP 老化期的限制，将一直保持，直到主机被重新启动。动态记录是通过 ARP 响应报文自动学习到的，会根据收到的 ARP 报文的内容自动更新。

若要查看 192.168.168.1 对应的 MAC 地址记录，命令为：

```
C:\>arp -a 192.168.168.1
Interface: 192.168.168.15 --- 0x10003
Internet Address    Physical Address     Type
192.168.168.1       00-e0-fc-23-c1-f2    static
```

从输出信息可见，网关 IP 地址与 MAC 地址是静态绑定的。

(2) 在 ARP 缓存中增加静态记录

命令用法：ARP -s *IP_Address* *MAC_Address*

命令功能：向 ARP 缓存添加 ARP 静态记录。

例如，若要向 ARP 缓存添加 192.168.168.253 的静态记录，对应的 MAC 地址为 00-11-2f-e1-fb-37，操作命令为：

```
C:\>arp -s 192.168.168.253 00-11-2f-e1-fb-37
C:\>arp -a 192.168.168.253
```

```
Interface: 192.168.168.15 --- 0x10003
Internet Address      Physical Address      Type
192.168.168.253       00-11-2f-e1-fb-37     static
```

(3) 删除 ARP 缓存中的记录

命令用法：ARP -d [*IP_Address*]

命令功能：若默认 *IP_Address* 参数，则清除 ARP 缓存中的所有记录。若指定 IP 地址，则删除与该 IP 地址对应的记录。

例如，若要删除刚才添加的 IP 地址为 192.168.168.253 的 ARP 记录，操作命令为：

```
C:\>arp -d 192.168.168.253
C:\>arp -a 192.168.168.253
No ARP Entries Found
```

从输出信息可见，指定 IP 地址的 ARP 记录被删除。

2. Linux 系统的 ARP 命令

Linux 系统下的 ARP 命令的功能与用法与 Windows 系统基本相同。

(1) 查看 ARP 缓存

命令用法：arp [-a|-e] [-i <*if*>] [*IP_Address*]

命令功能：查看 ARP 缓存。

参数项说明：

① -a|-e 参数：-a 参数表示 ARP 缓存列表项采用 UNIX BSD 风格显示。-e 参数表示采用 Linux 风格显示，为默认显示风格。

例如，若要查看整个 ARP 缓存，操作命令为：

```
[root@RHEL5 ~]#arp
Address          HWtype   HWaddress            Flags Mask   Iface
219.221.40.65    ether    00:0F:EA:78:5F:E2    C            eth1
61.186.100.97    ether    00:0E:84:48:0B:00    C            eth0
```

若以 UNIX BSD 风格显示 ARP 输出结果，操作命令为：

```
[root@RHEL5 ~]#arp -a
? (219.221.40.65) at 00:0F:EA:78:5F:E2 [ether] on eth1
? (61.186.100.97) at 00:0E:84:48:0B:00 [ether] on eth0
```

② -i <*if*>参数：该参数项用于指定一个网络接口，用于查看与指定网络接口有关的 ARP 记录。

例如，若要查看与 eth0 相关的 ARP 记录，操作命令为：

```
[root@RHEL5 ~]#arp -i eth0
Address          HWtype   HWaddress            Flags Mask   Iface
61.186.100.97    ether    00:0E:84:48:0B:00    C            eth0
```

③ *IP_Address* 参数：该参数项用于指定一个 IP 地址，表示查询与该 IP 地址匹配的 ARP 记录。

```
[root@RHEL5 ~]#arp 219.221.40.65
Address          HWtype  HWaddress          Flags Mask  Iface
219.221.40.65    ether   00:0F:EA:78:5F:E2  C           eth1
```

(2) 在 ARP 缓存中增加静态记录

命令用法：arp [-i <*if*>] -s <*IP_Address*> <*hwaddress*>

命令功能：向 ARP 缓存添加一条静态记录。

参数说明：*IP_Address* 代表 IP 地址，*hwaddress* 为对应的 MAC 地址。MAC 地址中的字母要采用大写形式。

例如，假设 eth1 的网关地址为 219.221.40.67，对应的 MAC 地址为 00:0E:84:48:0B:00，现要在 ARP 缓存中添加该静态记录，操作命令为：

```
[root@RHEL5 ~]#arp -i eth1 -s 219.221.40.67 00:0E:84:48:0B:00
[root@RHEL5 ~]#arp
Address          HWtype  HWaddress          Flags Mask  Iface
219.221.40.67    ether   00:0E:84:48:0B:00  CM          eth1
61.186.100.97    ether   00:0E:84:48:0B:00  C           eth0
```

从输出信息中“Flags Mask”的值“CM”可见，静态记录添加成功。CM 代表该条记录为静态 ARP 列表项。C 表示动态 ARP 列表项，在老化期到了之后，会被自动删除。

这两个输出项的 MAC 地址相同，是因为这两个地址都是网关地址，并且都在同一台三层交换机上。同一台交换机上的所有 VLAN 接口的 MAC 地址都是相同的。该台服务器安装有两块网卡，有两个因特网出口。

(3) 删除 ARP 缓存中的记录

命令用法：arp [-i <*if*>] -d <*IP_Address*>

命令功能：删除与指定 IP 地址匹配的 ARP 记录。

例如，若要删除刚才添加的静态 ARP 记录，操作命令和操作结果如下所示：

```
[root@RHEL5 ~]#arp -i eth1 -d 219.221.40.67
[root@RHEL5 ~]#arp
Address          HWtype  HWaddress          Flags Mask  Iface
61.186.100.97    ether   00:0E:84:48:0B:00  C           eth0
```

(4) 从指定文件静态绑定 IP 地址与 MAC 地址

使用“-s”参数一次只能绑定一个 IP 地址与 MAC 地址。若要绑定的记录比较多，可事先将要绑定的 IP 地址与 MAC 地址的对应关系收录在一个文件中，然后执行带“-f”参数的 arp 命令来实现绑定。

命令用法：arp [-i <*if*>] -f [*filename*]

命令功能：从指定的文件中获取 IP 地址与 MAC 地址的对应关系，然后进行静态绑定。

参数说明：*filename* 参数项用于指定保存有 IP 地址与 MAC 地址对应关系的文件名。若默认该参数项，则默认从/etc/ethers 文件中读取。文件的内容格式如下所示：

```
A.B.C.D XX:XX:XX:XX:XX:XX
```

一行表达一条 IP 地址与 MAC 地址的对应关系，IP 地址与 MAC 地址之间留一个空格。MAC 地址中的字母要大写。

若要绑定的记录较少，可采用以下命令格式，将要绑定的记录添加到/etc/ethers 文件中。执行一次，添加一条。如果量大，建议使用"vi/etc/ethers"命令，调用 vi 编辑器进行添加。

```
[root@RHEL5 ~]#echo '219.221.40.67 00:0E:84:48:0B:00'>>/etc/ethers
[root@RHEL5 ~]#echo '61.186.100.97 00:0E:84:48:0B:00'>>/etc/ethers
[root@RHEL5 ~]#more /etc/ethers
219.221.40.67 00:0E:84:48:0B:00
61.186.100.97 00:0E:84:48:0B:00
```

若要绑定的 IP 地址与 MAC 地址已添加到/etc/ethers 文件中，要实现静态绑定，只需执行"arp -f"或"arp -f /etc/ethers"命令即可。

静态绑定的 ARP 记录在重启系统后会丢弃。为了让系统重启后能自动恢复绑定，可将实现绑定的命令添加到/etc/rc. d/rc. local 配置文件中，其操作命令为：

```
[root@RHEL5 ~]#echo 'arp -f'>>/etc/rc.d/rc.local
```

3. Cisco/锐捷交换机或路由器的 ARP 命令

在 Cisco 或锐捷的交换机或路由器中，也可对 ARP 缓存进行相关操作。

(1) 查看 ARP 缓存

命令用法：show arp

命令功能：查看交换机的 ARP 缓存。该命令在全局模式下运行。

```
Switch# show arp
Protocol  Address         Age(min)  Hardware        Type  Interface
Internet  192.168.4.102   4         0024.2132.a2c7  arpa  VLAN 10
Internet  192.168.4.130   0         00e0.4c2d.eba7  arpa  VLAN 10
Internet  192.168.4.165   0         00e0.4cb4.e2d2  arpa  VLAN 10
Internet  192.168.4.201   7         0019.2139.f36a  arpa  VLAN 10
Internet  192.168.4.117   57        001d.7d30.4cb0  arpa  VLAN 10
Internet  192.168.4.195   0         4061.866a.b9b3  arpa  VLAN 10
Internet  192.168.4.123   0         0030.18a0.da57  arpa  VLAN 10
Internet  192.168.4.124   44        00b0.0c01.258e  arpa  VLAN 10
Internet  192.168.4.156   0         00e0.4cc0.e343  arpa  VLAN 10
Internet  192.168.4.2     54        001a.a97d.f524  arpa  VLAN 10
Internet  192.168.4.1     --        001a.a97e.9b4e  arpa  VLAN 10
Internet  192.168.6.99    3         000f.3d81.33e4  arpa  VLAN 20
Internet  192.168.6.147   0         0021.85c0.b55b  arpa  VLAN 20
Internet  192.168.6.198   0         0021.8532.ec4f  arpa  VLAN 20
……
Total number of ARP entries: 36
```

(2) 删除 ARP 缓存记录

命令用法：clear arp-cache [*IP_Address*] [Interface *接口类型及编号*]

命令功能：该命令在全局模式下运行。若执行 clear arp-cache 命令，则清除整个 ARP 缓存。若指定 *IP_Address* 参数项，则删除指定 IP 地址对应的 ARP 列表项。若指定"Interface *接口类型及编号*"参数项，则清除与指定接口相关的 ARP 列表项。

例如，若要清除 ARP 缓存中 IP 地址为 192. 168. 4. 130 的记录，操作命令为：

```
Switch#clear arp-cache 192.168.4.130
```

若要清除ARP缓存中与VLAN 10相关的记录，操作命令为：

```
Switch#clear arp-cache interface vlan 10
```

(3) 添加静态ARP记录

命令用法：arp *IP_Address MAC_Address* arpa

命令功能：添加ARP静态记录。该命令在交换机的配置模式下运行。

例如，若要在交换机上，将网关地址192.168.4.1与其MAC地址001a.a97e.9b4e进行静态绑定，操作命令为：

```
Switch(config)#arp 192.168.4.1 001a.a97e.9b4e arpa
```

4. 华为与华三交换机的ARP命令

(1) 查看ARP缓存

命令用法：display arp [dynamic|static] [*IP_Address*]

命令功能：查看交换机的ARP缓存。该命令在管理级(super)和系统视图(system-view)模式下都可以运行。

参数项说明：dynamic表示查看动态ARP记录，为默认值；static表示查看静态ARP记录。*IP_Address*用于指定一个IP地址，代表查询与该IP地址匹配的ARP记录。

若要查看整台交换机的所有动态ARP记录，操作命令和查询结果如下所示：

```
<zhonghelou>display arp
IP Address        MAC Address     VLAN ID   Port Name              Aging   Type
172.16.1.33       000f-e227-63dc  2503      GigabitEthernet1/1     3       Dynamic
192.168.175.144   0025-229b-e707  1620      Ethernet0/20           10      Dynamic
192.168.174.42    001e-4fd0-1b13  1609      Ethernet0/24           1       Dynamic
192.168.174.36    0004-234e-8663  1609      Ethernet0/21           2       Dynamic
……
---   311 entries found   ---
```

若要查看192.168.174.36主机的ARP记录，操作命令为：

```
<zhonghelou>display arp 192.168.174.36
```

(2) 添加静态ARP记录

命令用法：arp static *IP_Address MAC_Address*

该命令在系统视图(system-view)模式下运行。

例如，若要在交换机上将192.168.174.36与0004-234e-8663地址进行静态绑定，操作命令为：

```
[zhonghelou]arp static 192.168.174.36 0004-234e-8663
```

(3) 删除ARP缓存记录

命令用法：reset arp [dynamic|static|interface *interface-type interface-number*]

命令功能：删除ARP缓存中指定的ARP记录。该命令在管理级(super)下运行。

参数说明：dynamic 代表删除动态 ARP 记录；static 代表删除静态 ARP 记录。若指定网络接口，则删除与指定接口相关的 ARP 记录。*interface-type* 代表端口的类型，*interface-number* 为端口编号。

6.2.3 ARP 攻击源的定位

根据 ARP 欺骗原理可知，在 ARP 缓存中，所有被欺骗主机的 IP 地址所对应的 MAC 地址都将被修改为 ARP 攻击源的 IP 地址。因此，通过查看 ARP 缓存记录，可判断是否存在 ARP 攻击，并可找出 ARP 攻击源的 MAC 地址。

要查找 ARP 攻击源，有两种常用的方法可供选择，下面分别介绍。

(1) 查询交换机日志，获得是否存在 ARP 攻击的信息，并获得攻击源的 MAC 地址。

对于较新型号的交换机，若有 ARP 攻击报警功能，会在交换机的日志中显示 ARP 攻击信息以及攻击源的 IP 地址和 MAC 地址信息。因此，通过登录交换机，查看交换机的日志，可找到 ARP 攻击源的 MAC 地址。

要查看交换机的日志，对于华为或华三交换机，执行“display log”命令；对于 Cisco 或锐捷交换机，执行“show logging”命令。

找到攻击源的 MAC 地址之后，根据 MAC 地址，使用 ARP 命令，在 ARP 缓存中查询具有该 MAC 地址的主机所连接的交换机端口。找到端口后，根据网线编号，即可定位感染 ARP 病毒的用户主机。

(2) 登录交换机，通过查看 ARP 缓存记录，判断是否存在 ARP 攻击，并找到攻击源的 MAC 地址。

通常可先登录汇聚层交换机，查看交换机的 ARP 缓存记录。若出现多个 IP 地址对应着同一个 MAC 地址的情况，则这个 MAC 地址就是 ARP 攻击源的 MAC 地址。根据 ARP 缓存列表的端口信息，可知道攻击源主机所连接的端口号。

例如，在某一台华为交换机上执行“display arp”命令，其显示结果如下所示：

```
[Student1]display arp
IP Address       MAC Address      Port Name       Aging   Type
192.168.6.148    00e0-4c3b-71ff   Ethernet0/19    20      Dynamic
192.168.6.3      00e0-4c4c-1133   Ethernet0/19    20      Dynamic
192.168.6.79     00e0-4c4c-1133   Ethernet0/19    20      Dynamic
192.168.6.123    00e0-4c4c-1133   Ethernet0/19    20      Dynamic
192.168.6.207    00e0-4c4c-1133   Ethernet0/19    20      Dynamic
192.168.6.222    00e0-4c4c-1133   Ethernet0/19    20      Dynamic
192.168.4.227    0016-363c-a970   Ethernet0/22    13      Dynamic
```

从上面的 ARP 缓存记录可见，有 5 个 IP 地址对应的 MAC 地址都是“**00e0-4c4c-1133**”，说明网内存在 ARP 攻击，有主机感染 ARP 病毒，ARP 攻击源的 MAC 地址为“**00e0-4c4c-1133**”，感染 ARP 病毒的主机接在交换机的 E0/19 号端口上。

如果 E0/19 号端口连接的是用户主机，则该主机就感染了 ARP 病毒。可先切断该主机的网络接入，阻断 ARP 攻击，待 ARP 病毒清除后，再接入网络。若 E0/19 连接的是接入层交换机，则进一步登录到该接入层交换机，通过查看 ARP 缓存记录的方式，定位到 ARP

攻击源所连接的交换机端口，最终定位到攻击源。

6.3 预防ARP攻击的常用措施

6.3.1 进行IP地址与MAC地址的静态绑定

在ARP缓存中，动态学习到的ARP记录会因伪造的ARP响应报文而被更新。对于静态的ARP记录，不会因为收到伪造的ARP响应报文而被更新。因此，要预防ARP欺骗攻击，可在用户主机上对网关地址进行ARP静态绑定，然后同时在网关地址所在的汇聚层交换机上对网关地址进行ARP静态绑定。

对网关地址和用户主机的IP地址与MAC地址进行ARP静态绑定，可很好地预防和解决ARP欺骗攻击的问题。对IP地址和MAC地址进行ARP静态绑定，使用ARP命令来实现。有关ARP命令的用法，前面已做介绍。

6.3.2 端口隔离

为减小和隔离用户主机感染病毒后，对同一网段其他用户的攻击威胁和影响，可在交换机上配置端口隔离来防范。

在交换机上配置端口隔离功能之后，连接在交换机各端口上的用户主机无法互相访问。这样就可避免在同一网段内，因一台主机感染ARP病毒，导致网段内的其他用户主机受到ARP攻击的影响。

要对交换机端口进行隔离，通常在接入层交换机上来配置。接入层交换机与汇聚层交换机级联的端口通常不配置端口隔离。

对于Cisco和锐捷交换机，端口隔离技术称为端口保护。端口隔离仅在网段内有效，设置了端口保护功能的端口之间不能相互通信，只能与网关通信，但保护口与非保护口之间可以相互通信。另外，保护口与其他网段中的主机可以通过网关相互通信。利用端口隔离或端口保护技术，可有效防止病毒在网段内的传播和攻击。

1. Cisco/锐捷交换机端口保护配置方法

配置命令：

```
switchport protected
```

该命令在接口配置模式下运行。首先选择要配置端口保护的端口，然后执行该命令。

例如，若要对交换机的Fa0/1至Fa0/24口配置端口保护，配置命令和配置方法为：

```
Switch(config)#int range fa0/1 -24
Switch(config-if-range)#switchport protected
Switch(config-if-range)#end
Switch#write
```

2. 华为/华三交换机的端口隔离配置方法

端口隔离属于二层隔离，隔离是双向的，对端口自身的隔离操作无效。在默认情况下，端口隔离池为空，交换机允许该端口与所有端口进行二层转发。设置端口隔离后，该端口与某个(组)端口间不能进行二层转发。

对于端口隔离，华为(Quidway)与华三(H3C)交换机的配置方法各不相同，下面分别介绍。

(1) 华为交换机的配置方法

华为交换机的端口隔离使用 am(Access management)功能来实现，其配置方法是：

① 首先在全局配置模式下执行"am enable"命令，启用端口隔离功能。

② 依次针对要参与隔离的每一个端口，在接口配置模式下执行"am isolate *interface-list*"命令，设置该端口与哪些端口隔离。

interface-list 为端口隔离的端口列表，可以是编号连续的端口范围和特定端口的组合。

例如，若要配置华为交换机的第 2 号端口对第 3 口至第 10 口和第 15 口进行端口隔离，配置方法为：

```
[Quidway]am enable
[Quidway]int e0/2
[Quidway-Ethernet0/2]am isolate Ethernet 0/3 to Ethernet 0/10 Ethernet0/15
[Quidway-Ethernet0/2]
```

配置端口隔离时，上行链路的级联口不要参与。

若交换机的上行级联口为第 1 口，现要配置第 2 口对第 3 口至第 24 口进行端口隔离，配置命令为：

```
[Quidway-Ethernet0/2]am isolate Ethernet 0/3 to Ethernet 0/24
```

若要取消对端口的二层隔离，可执行 undo am isolate 命令。例如：

```
[Quidway-Ethernet0/2]undo am isolate
```

若要查看指定端口或所有端口的访问控制的当前配置情况，命令为：

```
display am [interface- list]
```

例如，若要查看 E0/2 的配置情况，命令为：

```
<Quidway>display am e0/2
```

若要查看所有接口的配置情况，命令为：

```
display am
```

(2) 华三交换机的配置方法

将要参与隔离的端口加入到隔离组中，即可实现端口的隔离。

将当前以太网端口加入到隔离组中，使用 port isolate 命令；将当前的以太网端口从隔离组中删除，使用 undo port isolate 命令；查看已经加入到隔离组中的以太网端口信息，使用 display isolate port 命令。

例如，若要将 H3C 的 S3100 交换机的 Ethernet1/0/2、Ethernet1/0/3 和 Ethernet1/0/4 端口配置成端口隔离，配置命令为：

```
[S3100]int e1/0/2
[S3100-Ethernet1/0/2]port isolate
[S3100-Ethernet1/0/2]quit
[S3100]int e1/0/3
[S3100-Ethernet1/0/3]port isolate
[S3100-Ethernet1/0/3]quit
[S3100]int e1/0/4
[S3100-Ethernet1/0/4]port isolate
[S3100-Ethernet1/0/4]quit
[S3100]quit
<S3100>display isolate port
Isolated port(s) on UNIT 1:
Ethernet1/0/2, Ethernet1/0/3, Ethernet1/0/4
```

6.3.3 广播风暴抑制

在默认情况下，交换机不对广播流量、组播和未知单播流量进行抑制，但可以配置指定端口上允许接收的广播流量和组播流量的大小。当广播流量和组播流量超过用户设定的阈值后，交换机将丢弃超出流量限制的数据帧，使广播和组播流量所占的流量比例降低到合理的范围，保证网络业务的正常运行。

通过配置交换机的广播风暴抑制功能，可预防和减弱因部分主机感染蠕虫病毒可能爆发的广播风暴。

1. Cisco/锐捷交换机配置广播风暴抑制

配置广播风暴抑制的命令：

```
storm-control storm-type level flow-level
storm-control action action-type
```

查看广播风暴抑制的配置情况：show storm-control {*interface*} *storm-type*

取消广播风暴抑制：no storm-control multicast level

参数说明：

① *storm-type* 代表要控制的风暴类型，其取值为 broadcast、multicast 或 unicast，分别代表广播风暴、组播风暴和单播风暴。

② *flow-level* 代表要控制的流量的阈值，该阈值代表风暴流量可使用端口带宽的百分比，取值范围为 0～100。100％表示允许使用端口的所有带宽，即不进行风暴控制；0％代表不允许该类型的风暴流量通过。当超过设定的阈值，交换机将丢弃相应类型的风暴帧。

③ storm-control action 命令用于设置当风暴流量超过设定的阈值时的动作，该项配置不是必须的。*action-type* 的取值为 trap 或 shutdown，分别代表向管理站点发送 SNMP trap(陷阱)通知或者禁用该端口。

④ *interface*　代表要查看的接口，为可选项。默认，则查看所有接口的风暴控制配置情况。

例如，若要将 Cisco 2950 交换机的所有端口的广播风暴控制在 50%，配置方法为：

```
C2950(config)#int range fa0/1 -24
C2950(config-if-range)#storm-control broadcast level 50
C2950(config-if-range)#end
C2950#
```

若要查看所有接口的广播风暴控制的配置情况，可使用 show storm-control broadcast 命令。例如：

```
C2950#show storm-control broadcast
```

若要查看所有接口的组播或单播的配置情况，命令分别为：

```
show storm-control multicast
```

和

```
show storm-control unicast
```

若要查看 fa0/1 口广播风暴控制的配置情况，命令为：

```
show storm-control fa0/1 broadcast
```

若要配置 fa0/1 端口广播风暴超过阈值后，向管理站点发送 SNMP 的 trap(陷阱)通知，配置命令为：

```
C2950(config)#int fa0/1
C2950(config-if)#storm-control action trap
```

2. 华为/华三交换机配置广播风暴抑制

(1) 配置广播风暴抑制

配置命令：

```
broadcast-suppression ratio|bps max-bps
```

该命令用于限制端口上允许通过的广播流量的大小。华为和华三交换机均适用。

参数说明：

① *ratio*　指定端口允许通过的最大广播流量占该端口带宽的百分比，取值范围为 1～100，步长为 1，默认值为 100，即端口上允许通过的广播流量为 100%，不对广播流量进行抑制。百分比越小，则允许通过的广播流量越小。

使用该参数项时，该命令可在系统视图下运行，也可在端口视图下运行。在系统视图(system-view)下运行时，对所有端口均生效；在端口视图下运行时，仅对该端口有效。

例如，若要配置 E0/1 端口允许通过 20%的广播流量，配置方法为：

```
[Quidway]int e0/1
[Quidway-Ethernet0/1]broadcast-suppression 20
```

若要配置交换机的所有端口均只允许20%的广播流量通过，配置方法为：

```
[Quidway]broadcast-suppression 20
```

执行undo broadcast-suppression命令可取消对广播流量的抑制，即恢复端口上允许通过的广播流量为默认值100。

② *max-bps* 该参数代表以太网端口每秒允许接收的最大广播包的流量，单位为kbps，步长为64。使用该参数时，该命令只能在端口视图下配置。

对于Ethernet端口，参数项的取值范围为64～99 968；对于GigabitEthernet端口，取值范围为64～1 000 000。

例如，若要配置端口Ethernet1/0/2每秒允许接收的最大广播流量为128kbps，配置方法为：

```
[Quidway]interface Ethernet 1/0/2
[Quidway-Ethernet1/0/2]broadcast-suppression bps 128
```

(2) 配置组播风暴抑制

配置命令：

```
multicast-suppression bps max-bps
```

该命令用于配置端口允许接收的未知组播流量的大小，由*max-bps*参数指定，单位为kbps，步长为64。配置完成后，交换机将同时对未知组播和未知单播流量进行抑制。

配置端口Ethernet1/0/2每秒允许接收的未知组播流量的最大值为128kbps。

例如，若要配置交换机的E1/0/2端口允许接收的未知组播流量的最大值为128kbps，配置命令为：

```
[Quidway]interface Ethernet 1/0/2
[Quidway-Ethernet1/0/2]multicast-suppression bps 128
```

若要取消对组播流量的抑制，恢复为默认值，可执行命令：

```
undo multicast-suppression
```

6.4 锐捷防ARP欺骗技术和抗ARP攻击技术

本节针对锐捷交换机，介绍锐捷交换机的ARP欺骗防范技术和ARP抗攻击技术。这两种技术所保护的对象是不相同的，ARP欺骗防范技术保护的是网内用户，使其避免受到ARP欺骗攻击。ARP抗攻击技术是保护锐捷的交换机设备本身，使其避免受到ARP拒绝服务攻击。

6.4.1 网关ARP欺骗防范技术

由于ARP协议本身的缺陷，ARP协议本身不对收到的ARP报文进行合法性检查。这就造成了攻击者利用协议的漏洞轻易地进行 ARP 欺骗攻击，其中最典型的就是中间人攻击。冒充网关的 ARP 欺骗是中间人攻击的一种实例。

前面介绍了采用将网关 IP 地址与网关的 MAC 地址进行静态 ARP 绑定的方法来防止冒充网关的 ARP 欺骗。这种方法虽然可行，但工作量较大，操作起来比较麻烦，除了在网关所在的交换机上要进行绑定之外，在每个用户主机上也要对网关的 IP 地址和 MAC 地址进行静态 ARP 绑定。为此，锐捷公司专门研发了防止冒充网关的 ARP 欺骗防范技术。

1. 防网关 ARP 欺骗的防范原理

在交换机接入用户的端口上配置防网关 ARP 欺骗功能，可防止针对网关的 ARP 欺骗。防网关 ARP 欺骗配置后，交换机将在配置该功能的端口上检查 ARP 报文的源 IP 地址是否是所配置的网关 IP 地址。如果是，则丢弃该 ARP 报文，防止用户收到错误的 ARP 响应报文。这样，只有交换机上联设备能够下发网关的 ARP 报文，其他 PC 发送的假冒网关的 ARP 响应报文将被交换机过滤掉。因此，在配置时，接入层交换机的上联口不能配置防网关 ARP 欺骗功能，否则来自网关的 ARP 报文将被丢弃，导致用户无法与网关通信。

对于汇聚层交换机，其上联口一般也不用配置。汇聚层交换机的下联口连接的是接入层交换机；下联口可以配置，也可以不配置，建议不配置。与用户直接相连的端口都应配置防网关 ARP 欺骗功能。

2. 配置防网关 ARP 欺骗

配置命令：

```
anti-arp-spoofing ip 网关地址
```

命令功能：防止冒充网关的 ARP 欺骗。

配置说明：网关地址为该端口所属网段的网关地址。该命令在接口配置模式下运行。哪些端口需要配置防止冒充网关的 ARP 欺骗功能，则在这些端口下面配置该条命令。

对于上行级联端口，不能配置该功能。

在接口配置模式下，执行“no anti-arp-spoofing ip *ip-address*”命令，可清除防网关 ARP 欺骗的配置。执行“show anti-arp-spoofing”命令，可查看该项配置信息。

例如，若某汇聚层交换机的 G0/1 至 G0/20 属于同一个网段，网关地址为 192.168.6.1，其中 G0/1 为下行级联口，连接到一台 48 端口的接入层交换机（另有 G0/49 和 G0/50 两个级联口），其级联口为 G0/49。G0/21 至 G0/24 为另一个网段，网关地址为 192.168.4.1，其中 G0/24 为下行级联口，连接有一台 48 端口的接入层交换机。G0/25 为上行级联口，其余端口均用于连接最终用户。试对该台汇聚层交换机和接入层交换机进行配置，阻断伪造网关的 ARP 欺骗报文，保证用户能正常上网。

配置命令和配置方法如下所示：

（1）对汇聚层交换机的配置

```
teacher01>enable
teacher01#config t
!选择要配置的端口
```

```
teacher01(config)#int range g0/2 -20
!配置防网关 ARP 欺骗功能
teacher01(config-if-range)#anti-arp-spoofing ip 192.168.6.1
teacher01(config-if-range)#int range g0/21 -23
teacher01(config-if-range)#anti-arp-spoofing ip 192.168.4.1
teacher01(config-if-range)#end
!保存配置
teacher01#write
teacher01#exit
```

(2) 对 6 段的接入层交换机的配置

```
teacher6-2>enable
teacher6-2#config t
teacher6-2(config)#int range fa0/1 -48
teacher6-2(config-if-range)#anti-arp-spoofing ip 192.168.6.1
teacher6-2(config-if-range)#end
teacher6-2#write
teacher6-2#exit
```

(3) 对 4 段的接入层交换机的配置

```
teacher4-2>enable
teacher4-2#config t
teacher4-2(config)#int range fa0/1 -48
teacher4-2(config-if-range)#anti-arp-spoofing ip 192.168.4.1
teacher4-2(config-if-range)#end
teacher4-2#write
teacher4-2#exit
```

6.4.2 ARP 报文过滤技术

1. ARP 报文过滤技术简介

ARP 欺骗有很多种，网关 ARP 欺骗仅是其中的一种。ARP 报文过滤技术用于防止网内用户遭到 ARP 欺骗攻击。

为了解决 ARP 欺骗的问题，需要对经过交换机的所有 ARP 报文做合法性检查，将 ARP 欺骗报文丢弃。为此，锐捷公司推出了基于软件的动态 ARP 检测（Dynamic ARP Inspection，DAI）和基于硬件的 ARP-Check 两种技术。

为了防止用户或者网络设备被非法 ARP 报文欺骗，将所有通过交换机的 ARP 报文都送到交换机的 CPU 进行合法性检查的技术，称为动态 ARP 检测，简称为 DAI。

DAI 技术以 DHCP-Snooping 数据库为检测依据，必须启用 DHCP-Snooping 功能后，才能提供 DHCP-Snooping 数据库，这样 DAI 功能才会生效。在 DHCP-Snooping 数据库中，记录有每个用户成功申请到的 IP 地址、用户 MAC 地址、所属 VLAN、端口和租约时间等信息。从中可见，要使用 DAI 技术来解决 ARP 欺骗问题，用户主机必须采用自动获得 IP 地址的方式，不能采用手工静态设置 IP 地址的分配方式。

启用 DAI 功能后，交换设备就将收到的 ARP 报文的源 IP 地址、源 MAC 地址、端口号和 VLAN ID 信息，同 DHCP-Snooping 数据库中的用户信息进行匹配。如果一致，则认为是合法的 ARP 报文，按既有流程处理；否则视为非法 ARP 报文，直接丢弃处理。

DAI 技术由 ARP 报文限速、端口信任状态设置和 ARP 报文合法性检查三部分组成，其中 ARP 报文合法性检查是 DAI 技术的核心组成部分。

DHCP-Snooping＋DAI 方案可较好地解决 ARP 欺骗问题，但由于 DAI 技术是基于软件方式来实现的，需要将所有 ARP 报文送到 CPU 去判断处理，当网络中的 ARP 报文量很大，或者在单位时间内发送大量 ARP 报文对设备进行攻击时，DAI 功能将占用大量的 CPU 资源，使 CPU 利用率过高，影响到其他协议的正常运行。因此，DAI 功能要慎用。

ARP-Check 技术通过硬件过滤 ARP 欺骗报文，保证送到 CPU 的 ARP 报文都是合法的，从而有效降低 CPU 的负荷。建议尽量采用 DHCP-Snooping＋ARP-Check 技术方案来过滤 ARP 报文。

2. DHCP-Snooping＋DAI 技术方案

(1) ARP 报文限速

由于 DAI 技术是基于软件方式来对 ARP 报文的合法性进行检查，需要消耗一定的 CPU 资源。为防止交换机受到 ARP DoS 攻击，需要对 ARP 报文进行限速。在默认情况下，非信任端口每秒钟允许的 ARP 报文数最大为 15 个，信任端口不受限制。

(2) 信任端口与非信任端口

在 DAI 功能中，并不是每个端口上收到的 ARP 报文都需要进行合法性检查。为了区分是否需要进行合法性检查，管理员需要将端口配置为信任口或非信任口。从信任口接收到的 ARP 报文将跳过 DAI 检查，从非信任口接收到的 ARP 报文将进行合法性检查。

对于接入层交换机上所有连接最终用户的端口，应设置为非信任口。与汇聚层交换机级联的上联端口，应设置为信任口。

(3) ARP 报文的检查步骤

DAI 功能结合 ARP 报文限速和端口的信任状态，对 ARP 报文进行合法性检查和处理，其检查操作如下所示：

① 将所有经过交换机的 ARP 报文截获。

② 若端口每秒钟接收到的 ARP 报文数量超过预设值，则超过部分的 ARP 报文被丢弃。

③ 如果相应 VLAN 没有打开 DAI 功能，则按既有流程处理。

④ 如果相应端口为信任口，则按既有流程处理。

⑤ 如果相应 VLAN 打开了 DAI 功能且入口为非信任口，则根据 DHCP-Snooping 数据库，对所有 ARP 报文进行合法性检查。

⑥ 检查通过为合法的 ARP 报文，按既有流程处理；检查失败，判定为非法的 ARP 报文，则直接丢弃。

(4) 配置示例

① 案例网络拓扑结构。配置案例的网络拓扑结构如图 6.13所示。DHCP Server 的 IP 地址为 192.168.252.253。

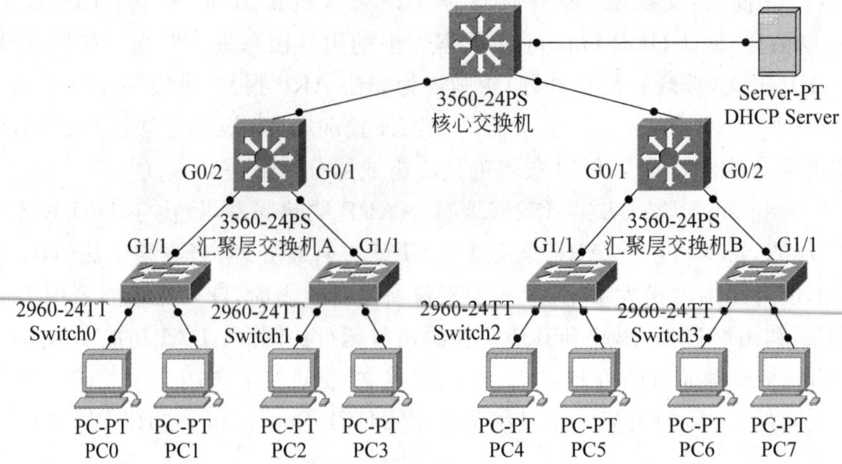

图 6.13 案例网络拓扑结构

图 6.13 所示的网络拓扑结构是目前局域网的一种典型结构。Switch0 至 Switch3 为接入层交换机，为防止 ARP 报文欺骗，应在所有的接入层交换机上配置 DHCP-Snooping＋DAI(或 ARP-Check)功能。

下面以对 Switch0 接入层交换机的配置为例，介绍 DHCP-Snooping＋DAI 功能的配置方法。其余接入层交换机的配置方法，与此相同。

② 在交换机的全局配置模式，执行“ip dhcp snooping”命令，开启 DHCP-Snooping 功能。

```
Ruijie#config t
Ruijie(config)#ip dhcp snooping
```

③ DHCP 客户与 DHCP 服务器不在同一个网段时，需要打开 DHCP 中继功能，并配置指定 DHCP 服务器的 IP 地址。

```
Ruijie(config)#service dhcp
Ruijie(config)#ip helper-address 192.168.252.253
```

④ 将接入层交换机的上联口配置为 DHCP 信任口，连接用户的端口默认为非信任口。

```
Ruijie(config)#int gi1/1
Ruije(config-GigabitEthernet 1/1)#ip dhcp snooping trust
Ruije(config-GigabitEthernet 1/1)#exit
```

⑤ 为防止私设 IP 地址的用户使用网络，需要打开接口上的地址绑定开关，通过硬件对非法 IP 报文进行过滤，阻止用户私设 IP 地址上网。

```
Ruijie(config)#int range fa 0/1 -24
Ruijie(config-if-range)#ip dhcp snooping address-bind
```

⑥ DAI 功能基于 VLAN 进行控制，需要对该 VLAN 内的非法 ARP 报文进行过滤时，必须在该 VLAN 上打开 DAI 功能。

接入层交换机通常不再划分 VLAN，各端口属于默认的 VLAN 1。其上联端口接在汇聚层交换机的端口属于哪一个 VLAN，则接在接入层交换机上的用户就属于哪一个网段。

```
Ruijie(config)#ip arp inspection vlan 1
```

⑦ 上联端口由于不存在 ARP 欺骗，因此，应配置为 ARP 信任口。

```
Ruijie(config)#int gi1/1
Ruije(config-GigabitEthernet 1/1)#ip arp inspection trust
Ruije(config-GigabitEthernet 1/1)#exit
```

⑧ 配置 ARP 限速。假设将连接最终用户的交换机端口的 ARP 速率限制为每秒 20 个报文，配置方法为：

```
Ruijie(config)#int range fa 0/1 -24
Ruije(config-if-range)#ip arp inspection limit-rate 20
Ruije(config-if-range)#end
Ruije#write
```

3. DHCP-Snooping＋ARP-Check 技术方案

DHCP-Snooping＋ARP-Check 技术方案同样是部署在接入层设备上。对 DHCP-Snooping 部分的配置与 DHCP-Snooping＋DAI 技术方案相同，即第②～⑤步的配置内容相同。

由于 ARP-Check 依赖于 DHCP-Snooping 的地址绑定功能，因此第⑤步的配置内容是必需的。

与 DAI 技术方案不同的是，ARP-Check 技术方案应用于端口模式下，即需要对哪些端口上收到的 ARP 欺骗报文进行硬件过滤，则必须在这些端口上开启 ARP-Check 功能。在本案例中，接入层交换机的 Fa0/1～Fa0/24 均用于连接最终用户，因此都应开启 ARP-Check 功能，配置命令为：

```
Ruijie(config)#int range fa0/1 -24
Ruijie(config-if-range)#arp check
```

对于图 6.13 所示的应用案例，若采用 DHCP-Snooping＋ARP-Check 技术方案进行 ARP 报文的过滤，则对接入层交换机的配置如下所示：

```
Ruijie#config t
!开启 DHCP-Snooping 功能
Ruijie(config)#ip dhcp snooping
!开启 DHCP 中继
Ruijie(config)#service dhcp
!配置指定 DHCP 服务器的 IP 地址
Ruijie(config)#ip helper-address 192.168.252.253
!配置上联端口为 DHCP 信任口
Ruijie(config)#int gi1/1
Ruije(config-GigabitEthernet 1/1)#ip dhcp snooping trust
!对接入用户的端口进行配置，开启地址绑定和 ARP-Check 功能
Ruijie(config)#int range fa 0/1 -24
!开启地址绑定功能
```

```
Ruijie(config-if-range)#ip dhcp snooping address-bind
!开启 ARP-Check 功能
Ruijie(config-if-range)#arp check
!保存配置并退出
Ruijie(config-if-range)#end
Ruijie#write
Ruijie#exit
Ruijie>
```

6.4.3 抗 ARP 攻击技术

1. 锐捷公司 NFPP 技术简介

目前,业界已开发了一些用于防攻击的功能模块(比如 ACL、QoS、URPF、SysGuard、CPP 等),通过这些功能模块自行建立攻击检测和保护的机制,并提供对外的管理接口。但实现得不够系统,基本上是针对一个问题解决一个问题,在体系上没有统一的框架。从现有的数据帧实现的流程来看,缺乏从流的主干上考虑实施防攻击保护。为了应对日益复杂的网络攻击,锐捷公司开发出了一套完整的网络基础保护体系,称为基础网络保护策略(Network Foundation Protection Policy),简称为 NFPP。

NFPP 技术用于对网络设备本身实施保护,通过对各类报文流进行限制、隔离,防止网络设备受到各类拒绝服务攻击,保证网络设备及网络可靠、安全、有效地运行。

(1) NFPP 的作用

在网络环境中,经常会发生一些恶意的网络攻击,这些攻击会给交换机带来过重的负担,引起交换机 CPU 利用率过高,导致交换机无法正常运行。这些攻击具体表现在:

① 拒绝服务攻击可能导致大量消耗交换机内存、表项或者其他资源,使系统无法继续服务。

② 大量的报文流砸向 CPU,占用了向 CPU 传送报文的带宽,导致正常的协议流和管理流无法被 CPU 处理,带来协议震荡或者无法管理,从而导致数据流的转发受影响,并引起整个网络无法正常运行。

③ 大量的报文砸向 CPU 会消耗大量的 CPU 资源,使 CPU 一直处于高负载状态,从而影响管理员对设备进行管理或者设备自身无法运行。

NFPP 可以有效地防止系统受这些攻击的影响。在受到攻击的情况下,NFPP 可保护系统各种服务的正常运行,以及保持较低的 CPU 负载,从而保障整个网络的稳定运行。

(2) NFPP 的工作原理

NFPP 系统处理数据流时,需要经过硬件过滤、CPU Protect Policy(简称 CPP)、报文攻击检测/限速、Protocol/Manage/Route 流分类和集中限速等几个流程,并最终交给各个应用模块处理。NFPP 系统的数据流向如图 6.14 所示。

首先,需要进行 CPP 的分类和限速。这样,CPU 处理的数据流不仅根据 CPP 的服务分类原则进行了分类,而且这些服务报文还经过了硬件和软件的限速,避免了不同的服务报文之间相互抢占带宽,有效地解决了在某一种服务报文的大流量攻击情况下,其他服务报文无法及时得到处理的问题。例如,设备中同时存在 OSPF 服务报文和 BPDU 服务报文时,当

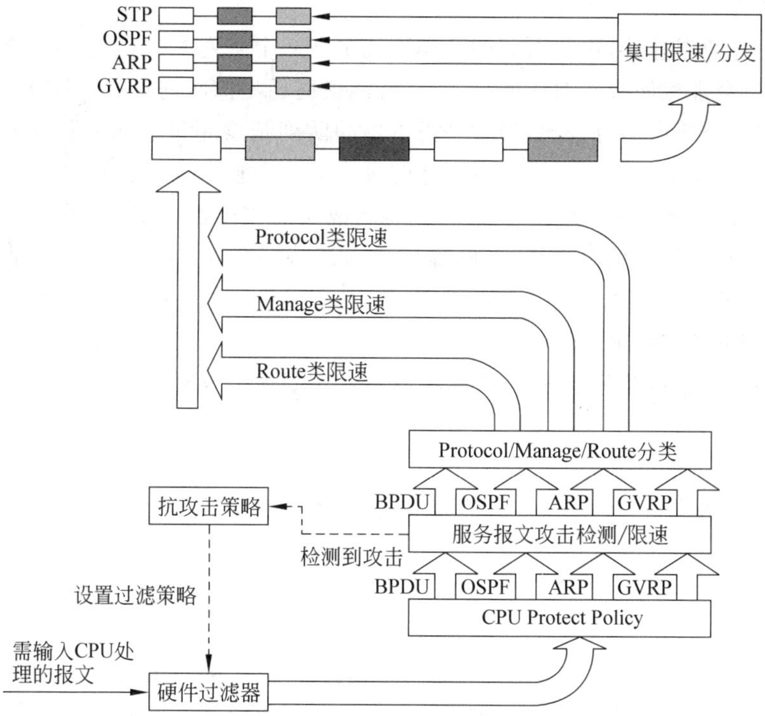

图 6.14　NFPP 系统的数据流向

其中某一个服务报文需要消耗大量 CPU 带宽时，可以保证另一个服务报文的接收不受影响。

其次，针对报文所属的服务类型，对具体的报文服务类型采取不同的监控方式和策略。NFPP 提供各种服务监控水线和策略的配置，可以根据具体的网络环境灵活配置某一个服务报文的限速水线和攻击水线(告警水线)。这些水线的设置可以基于端口，也可以基于网络中的主机(源 IP 或源 MAC)。攻击水线是指当端口或者某台主机的某种服务报文接收速率达到需要向管理员发出警告或者进行隔离的阈值；限速水线是指当端口或者某台主机的某种服务报文接收速率达到需要进行限速的阈值。告警或者隔离动作是在检测到攻击后交由抗攻击策略执行的。如果是隔离，抗攻击策略会利用硬件过滤器来实现隔离功能。在配置的隔离时间内，该端口或该主机的该类报文将被直接丢弃，不会再被送给 CPU 处理，从而保证设备的正常运行。对于受隔离的端口或主机的其他服务报文，不受隔离的影响，因此隔离的是攻击类报文。对于超过限速水线，而没有达到攻击水线的服务报文，执行的是限速控制策略，即丢弃部分服务报文，达到限速的目的。

监控后的服务报文再经过 Protocol/Manage/Route 流分类。这里的分类是指将 CPP 中定义的各种服务按照管理类(Manage)、转发类(Route)和协议类(Protocol)的原则进行分类。每一类都拥有独立的带宽，不同类别之间的带宽不能共享，超过带宽阈值的流将被丢弃。将不同的服务区分类别后，可以保证属于某类的各种服务报文在设备上得到优先处理。NFPP 允许管理员根据实际的网络环境灵活分配三类报文的带宽，从而保障 Protocol 类和 Manage 类能得到优先处理。Protocol 类的优先处理保证了协议正确运行，Manage 类的优先处理保证了管理员能够实施正常管理，从而保障了设备的各种重要功能正常运行，提高设备的抗攻击能力。

经过以上分类限速后，再将所有的分类流集中在一个队列中，当某一类服务处理效率较低时，队列上就会堆积该服务对应的报文，并可能最终耗尽该队列资源。NFPP 允许管理员配置该队列中三类所占的百分比，当某一类占用的队列长度超过总队列长度和该类所占百分比的乘积时，报文被丢弃。这样就有效地解决了某一类独占队列资源的问题。

另外，NFPP 在检测到某种服务的某个具体报文的攻击后，可以向管理员发出告警信息。但是，为了防止告警信息频繁出现，如果攻击流持续存在，NFPP 在发出告警后的连续 60 秒时间内不再重复告警。

(3) NFPP 可抵御的攻击

NFPP 系统可抵御以下方面的攻击，本节主要介绍其抗 ARP 攻击的配置方法。

- ARP 攻击
- IP 扫描
- ICMP 攻击
- DHCP 攻击
- DHCPv6 攻击
- ND 攻击

ND 的全称是 Neighbor Discovery(邻居发现)，在 IPv6 网络中主要负责地址解析、路由器发现、前缀发现和重定向。邻居发现使用 5 类报文：邻居请求、邻居公告、路由器请求、路由器公告和重定向报文。邻居发现使用的 5 类报文可统称为 ND 报文。

2. 配置 ARP 抗攻击

(1) ARP 抗攻击简介

通过网络向网关发送大量非法的 ARP 报文，造成网关不能为正常主机提供服务，这就是基于 ARP 的拒绝服务攻击。对于这种攻击，防范措施是一方面对 ARP 报文限速；另一方面检测出攻击源，对攻击源头采取隔离措施。

对 ARP 攻击的识别分为基于主机和基于物理端口(per-port)两方面。基于主机又细分为基于源 IP 地址/VLAN ID/物理端口(per-src-ip)和基于链路层源 MAC 地址/ VLAN ID /物理端口(per-src-mac)。每种攻击识别都有限速水线和攻击水线。当 ARP 报文速率超过限速水线时，超限报文将被丢弃。当 ARP 报文速率超过攻击水线时，将打印警告信息，发送 Trap。基于主机的攻击识别还会对攻击源采取隔离措施。

ARP 抗攻击还能检测出 ARP 扫描。ARP 扫描是指源 MAC 地址固定而源 IP 地址变化，或者源 MAC 地址和源 IP 地址固定而目标 IP 地址不断变化。由于存在误判的可能，对检测出有 ARP 扫描嫌疑的主机不进行隔离，只是提供给管理员参考。

值得注意的是，NFPP 系统的 ARP 抗攻击功能只是针对攻击交换机本身的 ARP 拒绝服务进行防御，而不针对 ARP 欺骗或者是解决网络中的 ARP 攻击问题。

ARP 抗攻击的配置包括以下几方面的内容：

- 打开 ARP 抗攻击功能
- 设置对攻击者的隔离时间
- 设置对攻击者的监控时间

- 设置受监控主机的最大数目
- 基于主机限速和识别攻击
- 基于端口限速和识别攻击
- 清除受监控
- 清除 ARP 扫描表
- 查看 ARP 抗攻击的相关信息

(2) 打开 ARP 抗攻击功能

打开 ARP 抗攻击功能有两种方式，一是以全局模式打开，此为默认值。二是针对指定的部分端口，打开 ARP 抗攻击功能。

① 以全局模式打开 ARP 抗攻击功能

配置命令：

```
arp-guard enable
```

命令说明：该配置命令必须在 nfpp 配置模式下执行。在全局配置模式下，执行 nfpp 命令，可进入 NFPP 配置模式。

```
Ruijie#configure terminal
Ruijie(config)#nfpp
Ruijie(config-nfpp)#arp-guard enable
```

锐捷交换机默认以全局方式打开 ARP 抗攻击功能。查看和核对配置参数可执行"show nfpp arp-guard summary"命令，该命令在特权模式下运行。

```
Ruijie#show nfpp arp-guard summary
(Format of column Rate-limit and Attack-threshold is per-src-ip/per-src-mac/per
-port.)
Interface  Status   Isolate-period  Rate-limit  Attack-threshold  Scan-threshold
Global     Enable   0               4/4/100     8/8/200           15

Maximum count of monitored hosts: 1000
Monitor period: 600s
```

② 在端口上打开 ARP 抗攻击功能

配置命令：

```
nfpp arp-guard enable
```

命令说明：该命令在接口配置模式下执行。首先选择要启动该功能的端口，然后执行该命令打开 ARP 抗攻击功能。

例如，若要打开 Fa0/1～Fa0/24 口的 ARP 抗攻击功能，操作命令为：

```
Ruijie#config t
Ruijie(config)#int range fa0/1 -24
Ruijie(config-if-range)#nfpp arp-guard enable
```

(3) 设置对攻击者隔离的时间

对攻击者的隔离时间分为全局隔离时间和基于端口的隔离时间。对于某个端口，如果没有配置基于端口的隔离时间,则采用全局隔离时间;否则,采用基于端口的隔离时间。

① 设置全局隔离时间

配置命令:

```
arp-guard isolate-period [seconds | permanent]
```

命令功能:设置对攻击者的全局隔离时间。

参数说明:*seconds* 代表隔离的时间,单位为秒,取值范围为 0 秒,30 秒到 86 400 秒(即一天)。默认值为 0 秒,表示不隔离。permanent 表示永久隔离。该命令在 NFPP 配置模式下执行。

例如,若要设置全局隔离时间为 30 秒,配置命令为:

```
Ruijie(config)#nfpp
Ruijie(config-nfpp)#arp-guard isolate-period 30
```

若要配置为默认的不隔离,可在 nfpp 配置模式下执行"no arp-guard isolate-period"命令。

② 在端口上配置对攻击者的隔离时间

配置命令:

```
nfpp arp-guard isolate-period [seconds | permanent]
```

参数说明:*seconds* 取值范围为 0 秒,180 秒到 86 400 秒(即一天)。0 秒表示不隔离,permanent 表示永久隔离。默认情况是没有配置局部隔离时间,采用全局隔离时间。

若一个端口原来配置了局部隔离时间,现在想采用全局隔离时间,则在端口配置模式下执行"no nfpp arp-guard isolate-period"命令,把局部隔离时间配置删除。

(4) 设置对攻击者的监控时间

当将隔离时间设置为 0,即不进行隔离时,对监控时间的配置变为有效。

防攻击模块将自动根据配置的监控时间对攻击者进行软件监控,以提供当前系统中存在哪些攻击者的信息。当将隔离时间配置成非零值后,防攻击模块将自动对软件监控的攻击者采取硬件隔离。

配置命令:

```
arp-guard monitor-period seconds
```

命令功能:配置对攻击者的监控时间。该命令在 NFPP 配置模式下执行。

参数说明:*seconds* 用于设置对攻击者进行监控的时间,单位为秒,取值范围为 180 秒到 86 400 秒(即一天),默认值为 600 秒。

在执行"show nfpp arp-guard summary"命令时,所输出的"Monitor period: 600s"信息代表的就是监控时间。

(5) 配置受监控主机的最大数目

配置命令:

```
arp-guard monitored-host-limit number
```

命令功能:配置受监控主机的最大数目。该命令在 NFPP 配置模式下执行。

参数说明：*number* 代表受监控主机的最大数目，取值范围为 1～4 294 967 295，默认值为 1000 个。

在执行“show nfpp arp-guard summary”命令时，所输出的“Maximum count of monitored hosts：1000”信息代表当前受监控主机的最大数目为 1000。

若要将配置的受监控主机数恢复成默认值，则在 NFPP 配置模式下执行命令“no arp-guard monitored-host-limit”。

(6) 配置基于主机的限速和攻击识别

对每台主机 ARP 报文的限速水线、攻击水线（攻击阈值）和 ARP 扫描阈值的设置，分为全局设置和端口下的局部设置两种，可根据需要选择其一。

① 限速与攻击识别简介

对主机的识别有源 IP 地址、VLAN ID 和物理端口组成的三元组（per-src-ip），以及由源 MAC 地址、VLAN ID 和物理端口组成的三元组（per-src-mac）这两种识别方法。

每台主机都有限速水线和攻击水线（攻击阈值）设置，限速水线必须低于攻击水线。当单台主机的 ARP 报文速度超过限速水线时，将丢弃这些超出限速水线的报文；如果单台主机的 ARP 报文速度超过攻击水线，将采取硬件隔离措施，记录到日志中，并发送 Trap 告警。

支持识别 ARP 扫描，单位时间是 10 秒。ARP 扫描的判断阈值默认为 15 个。也就是说，如果在 10 秒钟之内，收到 15 个及以上来自该台主机的 ARP 扫描报文，则认为有 ARP 扫描嫌疑，将其记录到日志中，并向网管系统发送 Trap。

ARP 扫描的特征是报文的源 MAC 地址固定而源 IP 地址变化，或者源 MAC 地址和源 IP 地址固定而目标 IP 地址不断变化。

检测到有攻击行为时，打印的交换机日志信息格式如下：

```
%NFPP_ARP_GUARD-4-DOS_DETECTED: Host<IP=N/A,MAC=0000.0000.0004,port=Gi4/1,
VLAN=1>was detected.(2011-05-24 13:00:00)
```

日志内容最后面括号中的时间为检测到攻击的时间。

发送的 Trap 报文的数据中包含以下描述信息：

```
ARP DoS attack from host< IP=N/A, MAC= 0000. 0000. 0004, port= Gi4/1, VLAN= 1> was
detected.
```

当检测到 ARP 扫描时，打印的交换机日志信息格式如下所示：

```
%NFPP_ARP_GUARD-4-SCAN: Host<IP=1.1.1.1,MAC=0000.0000.0004,port=Gi4/1,VLAN=1>
was detected. (2011-05-24 13:20:00)
```

发送的 Trap 报文的数据包含以下描述信息：

```
ARP scan from host<IP=1.1.1.1,MAC=0000.0000.0004,port=Gi4/1,VLAN=1>was detected.
```

当管理员将隔离时间配置成非零值，硬件隔离成功时，打印的日志信息格式如下所示：

```
%NFPP_ARP_GUARD-4-ISOLATED:Host <IP=N/A,MAC=0000.0000.0004,port=Gi4/1,VLAN=1>
was isolated. (2011-05-24 13:30:00)
```

发送的 Trap 报文的数据包含以下描述信息：

```
Host<IP=N/A,MAC=0000.0000.0004,port=Gi4/1,VLAN=1>was isolated.
```

当硬件隔离失败(原因通常是内存不足或者硬件资源不足)时，打印的日志信息格式如下所示：

```
%NFPP_ARP_GUARD-4-ISOLATE_FAILED: Failed to isolate host <IP=N/A,MAC=0000.0000.
0004,port=Gi4/1,VLAN=1>. (2011-05-24 13:00:00)
```

发送的 Trap 报文的数据包含以下描述信息：

```
Failed to isolate host<IP=N/A,MAC=0000.0000.0004,port=Gi4/1,VLAN=1>.
```

另外，ARP 扫描表只保存最新的 256 条记录。当 ARP 扫描表满的时候，会打印以下日志信息提醒管理员：

```
%NFPP_ARP_GUARD-4-SCAN_TABLE_FULL: ARP scan table is full
```

② 全局配置限速水线、攻击水线和 ARP 扫描阈值

以下配置命令均在 NFPP 配置模式下执行。

• 配置限速水线

配置命令：

```
arp-guard rate-limit {per-src-ip|per-src-mac} pps
```

命令功能：全局对每台主机的 ARP 报文速度进行限制。

参数说明：per-src-ip 表示采取基于源 IP 地址、VLAN ID 和物理端口这三个因素来识别主机。per-src-mac 表示采取基于源 MAC 地址、VLAN ID 和物理端口这三个因素来识别主机。*pps* 代表要设定的 ARP 报文的限速值，默认为 4 个，取值范围为 1～9999。

• 配置攻击水线

配置命令：

```
arp-guard attack-threshold {per-src-ip|per-src-mac} pps
```

命令功能：全局配置 ARP 攻击水线(攻击阈值)。

参数说明：*pps* 代表 ARP 攻击水线的设定值，默认为 8 个，取值范围是 1～9999。

当某台主机的 ARP 报文发送速度超过攻击水线的设定值时，就认为是在进行 ARP 攻击，立即对该台主机采取硬件隔离措施，记录到日志中，并发送 Trap。

• 配置 ARP 扫描阈值

配置命令：

```
arp-guard scan-threshold pkt-cnt
```

命令功能：全局配置 ARP 扫描阈值。

参数说明：*pkt-cnt* 代表单位时间收到的 ARP 扫描报文的阈值。超过该阈值，则被认为有 ARP 扫描的嫌疑。单位时间为 10 秒。*pkt-cnt* 的默认值为 15，取值范围是 1～9999。

例如，若基于源 IP 地址、VLAN ID 和物理端口这三个因素将主机的 ARP 限速水线和攻击水线分别设置为 5 和 9，ARP 扫描阈值设置为 18，全局隔离时间设置为 30 秒，则配置命令和配置方法为：

```
!进入全局配置模式
Ruijie#configure terminal
!进入 nfpp 配置模式
Ruijie(config)#nfpp
!配置隔离时间为 30 秒
Ruijie(config-nfpp)#arp-guard isolate-period 30
!配置 ARP 限速水线
Ruijie(config-nfpp)#arp-guard rate-limit per-src-ip 5
!配置攻击水线
Ruijie(config-nfpp)#arp-guard attack-threshold per-src-ip 9
!配置 ARP 扫描阈值
Ruijie(config-nfpp)#arp-guard scan-threshold 18
!退出 nfpp 配置模式，返回到特权模式
Ruijie(config-nfpp)#end
!查看 nfpp 配置信息，确认配置
Ruijie#show nfpp arp-guard summary
(Format of column Rate-limit and Attack-threshold is per-src-ip/per-src-mac/per
-port.)
Interface  Status  Isolate-period  Rate-limit  Attack-threshold  Scan-threshold
Global     Enable  30              5/4/100     9/8/200           18

Maximum count of monitored hosts: 1000
Monitor period: 600s
!保存配置
Ruijie#write
```

从输出信息可见，有关 per-src-ip 的 Rate-limit（限速水线）和 Attack-threshold（攻击水线）设置值已改变，Scan-threshold（ARP 扫描阈值）的值已变为 18，Isolate-period（隔离时间）为 30 秒。

③ 基于端口，配置限速水线、攻击水线和 ARP 扫描阈值

首先选择要配置的端口，然后在接口配置模式下执行以下命令分别配置。

• 限速水线和攻击水线的配置

配置命令：

```
nfpp arp-guard policy {per-src-ip | per-src-mac} rate-limit-pps attack-threshold-
pps
```

命令功能：配置局部的限速水线和攻击水线，只在该配置所属端口上生效。

参数说明：*rate-limit-pps* 为限速水线，取值范围是 1～9999。*attack-threshold-pps* 是攻击水线，取值范围是 1～9999。

默认情况是端口没有自己的限速水线和攻击水线，采用全局的限速水线和限速水线。

• 配置 ARP 扫描阈值

配置命令：

```
nfpp arp-guard scan-threshold pkt-cnt
```

命令功能：在指定的端口上配置 ARP 扫描阈值。

参数说明：*pkt-cnt* 的取值范围为 1～9999。默认情况是没配置基于端口的 ARP 扫描阈值，采用全局 ARP 扫描阈值。

(7) 基于端口限速和识别攻击

除了可基于主机进行限速和隔离之外，也可基于端口配置限速水线和攻击水线。配置方式分为全局配置和接口模式下的局部配置。

① 全局配置限速水线与攻击水线

以下命令均在 nfpp 配置模式下执行。

• 限速水线配置

配置命令：

```
arp-guard rate-limit per-port pps
```

命令功能：对每个端口的 ARP 报文接收速度阈值进行配置，超过该阈值的 ARP 报文将被丢弃。

参数说明：*pps* 的取值范围为 1～9999，默认值为 100 个。

• 攻击水线配置

配置命令：

```
arp-guard attack-threshold per-port pps
```

命令功能：配置攻击阈值。当某个端口接收的 ARP 报文速度超过攻击阈值时，对该端口进行隔离，记录到日志，并发送 Trap。

参数说明：*pps* 取值范围为 1～9999，默认值为 200 个。

② 配置局部的限速水线和攻击水线

配置命令：

```
nfpp arp-guard policy per-port rate-limit-pps attack-threshold-pps
```

命令功能：配置局部的限速水线和攻击水线。只在该配置所属的端口上生效。

参数说明：*rate-limit-pps* 为限速水线，取值范围为 1～9999。*attack-threshold-pps* 为攻击水线，取值范围为 1～9999。

默认情况下，端口没有自己的限速水线和攻击水线，采用全局的限速水线和攻击水线。

配置注意事项：

• 基于 MAC 地址限速的优先级高于基于 IP 地址限速，而基于 IP 地址限速又高于基于端口限速。

• 配置基于主机的限速水线和告警水线时应遵循以下原则：
  基于 IP 地址的限速水线＜基于 IP 地址的告警水线＜基于源 MAC 地址的限速水线＜基于源 MAC 地址的告警水线

• 配置端口限速水线时，应参考这个端口上所连接的主机数量。比如，某个端口上有 500 台主机，那么可以将该端口的限速水线设置成 500。

(8) 查看 ARP 抗攻击的相关信息

以下命令均在特权模式下运行。

① 查看 ARP 抗攻击的配置参数

配置命令：

```
show nfpp arp-guard summary
```

② 查看受监控主机的信息

• 查看受监控主机表的统计信息

命令用法：show nfpp arp-guard hosts statistics

```
Ruijie#show nfpp arp-guard hosts statistics
success    fail   total
-------    ----   -----
100        20     120
```

• 查看已被检测到攻击的主机

命令用法：

show nfpp arp-guard hosts [vlan *vid*] [interface *interface-id*] [*ip-address* | *mac-address*]

不带参数表示显示所有已被检测到攻击的主机，带参数则只显示符合条件的主机。

```
Ruijie#show nfpp arp-guard hosts
If column 1 shows '*', it means "hardware do not isolate user".
VLAN   interface   IP address   MAC address      remain-time(s)
----   ---------   ----------   -----------      --------------
1      Gi0/1       1.1.1.1      -                110
2      Gi0/2       1.1.2.1      -                61
*3     Gi0/3       -            0000.0000.1111   110
4      Gi0/4       -            0000.0000.2222   61
Total:4 hosts
```

上述几个字段分别表示 VLAN 号、端口、IP 地址、MAC 地址，以及隔离剩余时间。

如果某一行的第一列显示"*"，表示这台主机目前只是软件监控或者因硬件资源不足而隔离失败。如果"MAC address"栏显示"-"，表示这台主机是以源 IP 地址标识的；如果"IP address"栏显示"-"，表示这台主机是以源 MAC 地址标识的。

③ 查看 ARP 扫描表

• 查看 ARP 扫描表的记录条数

命令用法：show nfpp arp-guard scan statistic

```
Ruijie#show nfpp arp-guard scan statistics
ARP scan table has 4 record(s).
```

• 查看 ARP 扫描表的记录

命令用法：

show nfpp arp-guard scan [vlan *vid*] [interface *interface-id*] [*ip-address*] [*mac-address*]

不带参数表示查看整个ARP扫描表,带参数表示只查看符合条件的表项。

```
Ruijie# show nfpp arp-guard scan
VLAN    interface   IP address     MAC address       timestamp
----    --------    ----------     -----------       ----------
1       Gi0/1       N/A            0000.0000.0001    2011-05-25 16:23:10
2       Gi0/2       1.1.1.1        0000.0000.0002    2011-05-25 16:24:11
3       Gi0/3       N/A            0000.0000.0003    2011-05-25 16:25:13
4       Gi0/4       N/A            0000.0000.0004    2011-05-25 16:26:16
Total:4 record(s)
```

(9) 清除受监控主机

已被隔离的主机在一段时间后会自动恢复。若要提前恢复这些主机,管理员可手动清除监控表。

命令用法:

clear nfpp arp-guard hosts [vlan *vid*] [interface *interface-id*] [*ip-address* | *mac-address*]

命令功能:清除受监控隔离的主机。该命令在特权模式下运行。不带参数表示清除所有已被检测到攻击的主机,带参数表示清除符合条件的主机。

(10) 清除ARP扫描表

命令用法:clear nfpp arp-guard scan

命令功能:清空ARP扫描表。

(11) 查看CPU Protect信息

- 查看CPP管理板信息

命令用法:show cpu-protect mboard

```
Ruijie# show cpu-protect mboard
Type              Pps         Total       Drop
-------------     ---------   ---------   ---------
tp-guard          0           0           0
arp               1           576444      0
dot1x             0           0           0
rldp              0           5643        0
rerp              0           0           0
bpdu              0           0           0
tunnel-bpdu       0           0           0
dhcps-ipv4        0           2299        0
dhcps-ipv6        0           0           0
gvrp              0           0           0
……
```

输出项目一共有46项,这里仅列出一部分。

- 查看特定类型报文的接收统计信息

命令用法:

show cpu-protect type arp | bpdu | dhcp | ipv6mc | igmp | rip | ospf | vrrp | pim | ttl1 | unknown-ipmc | dvmrp

例如，若要查看接收到的 ARP 报文的统计信息，操作命令为：

```
Ruijie#show cpu-protect type arp
Slot          Type          Pps          Total          Drop
---------     ------------  ---------    ---------      ---------
MainBoard     arp           200          15             0
Slot-2        arp           200          15             0
```

• 查看每种类型报文的优先级队列和带宽

命令用法：show cpu-protect summary

习　题　6

1. 将 IP 地址转换为对应的 MAC 地址，使用的协议是(　　)。

   A. DNS　　B. ARP　　C. RARP　　D. DHCP

2. 将 MAC 地址转换为对应的 IP 地址，使用的协议是(　　)。

   A. DNS　　B. ARP　　C. RARP　　D. DHCP

3. 以下关于 ARP 的描述，不正确的是(　　)。

   A. ARP 是地址解析协议，用于将 IP 地址转换为对应的 MAC 地址

   B. ARP 协议工作在网络层

   C. ARP 协议工作在数据链路层

   D. 为提高 ARP 的工作效率，ARP 协议规定每台主机都应建立起一个 ARP Cache

4. 以下关于 ARP Cache 的描述，不正确的是(　　)。

   A. 利用 ARP Cache，可以提高 ARP 的查询效率

   B. ARP Cache 中的记录分为动态 ARP 记录和静态 ARP 记录两类

   C. 静态 ARP 记录的 IP 地址与 MAC 地址的对应关系，受 ARP 响应报文的影响

   D. 动态 ARP 记录的 IP 地址与 MAC 地址的对应关系，受 ARP 响应报文的影响

5. 以下关于查看 ARP Cache 记录的描述，不正确的是(　　)。

   A. 在 Windows 系统中，使用 arp -a 命令查看 ARP Cache 记录

   B. 在 Linux 系统中，使用 arp 命令查看 ARP Cache 记录

   C. 在 Cisco 交换机中，也可使用 arp 命令来查看交换机的 ARP Cache 记录

   D. 在华为或华三交换机中，应使用 display arp 命令来查看交换机的 ARP Cache 记录

6. 以下选项所提供的措施中，不能用于预防 ARP 攻击的是(　　)。

   A. 上网用户使用动态获得 IP 地址的分配方案

   B. 在接入交换机上，配置端口隔离和广播风暴抑制

   C. 在用户主机和交换机上均配置 IP 地址与 MAC 地址的静态绑定

   D. 在交换机上配置防网关 ARP 欺骗功能

7. 以下防攻击技术，不是针对用户主机的是(　　)。

   A. DHCP-Snooping＋DAI　　B. DHCP-Snooping＋ARP-Check

C. NFPP　　　　　　　　　　　　D. 防网关 ARP 欺骗

8. 以下关于锐捷交换机的 NFPP 技术的描述，不正确的是（　　）。

A. NFPP 技术可用于保护网内用户免受各类拒绝服务攻击

B. NFPP 技术用于保护锐捷交换机设备本身免受拒绝服务攻击

C. NFPP 系统可抵御 ARP 攻击

D. NFPP 系统可抵御 ICMP 攻击

实训 6.1　配置防 ARP 欺骗攻击

【实训目的】 掌握防网关 ARP 欺骗的配置方法；掌握采用 DHCP-Snooping＋ARP-Check 技术方案，实现对 ARP 报文进行硬件过滤的配置方法。

【实训环境】 锐捷二层和三层交换机各 1 台。DHCP 服务器 1 台，测试用主机 2 台。

对于无锐捷交换设备或设备数量不足的情况，可采用 GNS3 模拟器软件。通过加载锐捷交换设备的 IOS，来模拟提供锐捷交换机设备。

【实训网络拓扑】 实训网络拓扑如图 6.15 所示。

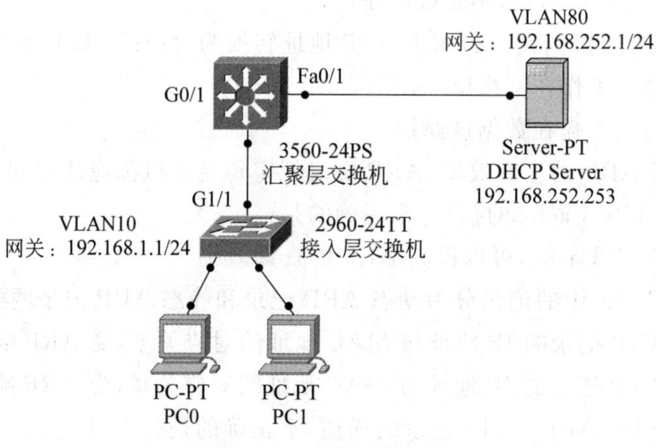

图 6.15　实训网络拓扑

【实训内容与要求】

1. 按图 6.15 搭建起实训网络环境。

2. 配置 DHCP Server 服务器的 IP 地址、子网掩码和默认网关的设置，然后为 192.168.1.0/24 网段配置 DHCP 作用域。DHCP 地址池为 192.168.1.20～192.168.1.240，网关地址为 192.168.1.1，DNS 服务器地址为 192.168.252.252。

3. 配置汇聚层交换机，实现 VLAN 的划分。

4. 对接入层交换机进行配置，实现防网关 ARP 欺骗。对于交换机用于连接最终用户的 Fa0/1～Fa0/24 端口，都应配置防网关 ARP 欺骗。上联端口不能配置。

5. 对接入层交换机进行配置，采用 DHCP-Snooping＋ARP-Check 技术方案，实现对 ARP 报文进行硬件过滤，防止用户受到 ARP 欺骗攻击。

实训 6.2　配置交换设备抗 ARP 攻击

【实训目的】 利用锐捷交换设备的 NFPP 技术提供的 ARP 抗攻击功能，配置实现交换机自身对 ARP 攻击的抵抗能力。

【实训环境】 锐捷二层和三层交换机各 1 台。DHCP 服务器 1 台，测试用主机 2 台。网络实训环境和网络拓扑结构与实训 6.1 相同。

对于无锐捷交换设备或设备数量不足的情况，可采用 GNS3 模拟器软件，通过加载锐捷交换设备的 IOS，来模拟提供锐捷交换机设备。

【实训内容与要求】

1. 对接入层交换机进行抗 ARP 攻击配置，实现交换机自身对 ARP 攻击的抵抗能力。具体配置要求如下：

① 设置对攻击者的全局隔离时间为 30 秒。

② 根据源 IP 地址、VLAN ID 和物理端口组成的三元组(per-src-ip)，配置基于主机的限速和攻击识别。全局配置限速水线为 5，攻击水线为 9，ARP 扫描阈值为 16。

2. 查看 ARP 抗攻击的相关配置信息，具体查看内容如下：

① 查看 ARP 抗攻击的配置参数。

② 查看已被检测到攻击的主机。

③ 查看 ARP 扫描表的记录条数和 ARP 扫描表的记录。

④ 查看 CPP 管理板信息。

第 7 章　传输介质故障的诊断与处理

本章主要介绍传输介质故障和端口协商故障的诊断与处理方法。

7.1　双绞线故障的诊断与处理

1. 双绞线故障的诊断

在有线网络中，双绞线和光纤是最常用的网络传输介质。如果传输介质出现故障，将影响网络的通畅性。

双绞线两端的水晶头线序排列通常采用 568B 标准，具体线序在第 1 章已介绍。双绞线的线序排列是否正确以及通畅性如何，使用测线仪来检测。

双绞线出现故障有以下几种情况：

① 双绞线两端的水晶头出现接触不良或部分电线折断，导致网路掉包严重或者网路不通。

用户端的接入跳线容易出现这种情况。由于经常拔插，或在制作水晶头时，剥线时的刀片压得过深，伤到部分电线。

② 在综合布线时，由于不正规地拖拉双绞线，出现严重磨损，导致局部电线绝缘层裸露，与其他部分物理接触，对通信造成干扰，使线路出现掉包现象。这种现象严重时可能造成交换设备烧毁。

③ 双绞线中的部分线缆被建筑物中的老鼠咬断，导致线路不通。因此，在综合布线时，应对鼠患进行防范。

④ 双绞线单段的长度过长，超过允许的 100 米。此时，将出现线路不通或掉包严重的网络故障现象。

双绞线引起的故障属于网路故障，故障现象有两种，一是网路出现掉包；二是网路不通。对于网路不通的故障，在排除路由故障和设备配置故障之后，可使用测线仪对双绞线进行检测，诊断出是双绞线中的哪一根或哪几根电线不通。

2. 双绞线故障的处理

在诊断出双绞线故障的原因之后，就可对症进行相应的处理。处理方式和方法如下所示：

(1) 若是双绞线的水晶头接触不良，则重新制作水晶头。

(2) 若是双绞线中的某一根或某几根电线出现断路，但无法找到断点，可试着用双绞线中未使用的线组替代出现断路的线组，按替代后的线序重新制作两端的水晶头。

双绞线有 4 组共 8 根电线，但只用了其中的 4 根电线传输信息。若这 4 根有用的电线中有一根或几根断了，可用未用的另 4 根电线替代。

(3) 如果双绞线的距离超过了 100 米，出现掉包或线路不通的情况，有以下几种解决方案供选择：

① 将传输速度由 100Mbps 降为 10Mbps，以延长双绞线的传输距离。

② 如果场地和施工条件允许，将超五类双绞线替换为六类双绞线，延长双绞线的传输距离。

③ 将网线截断，使用交换机进行中继。

④ 如果传输距离超过 100 米太多，在有条件的情况下，更改为多模光纤线路。

7.2　光纤故障的诊断与处理

1. 光纤链路故障

光纤链路的故障有以下几种：

① 光纤物理线路被损坏，出现断路，这是最常见的情况。比如，由于施工不当，光纤线缆被挖断或折断。

② 光纤链路两端的光纤模块损坏，无法正常工作。

③ 光纤模块的接口处灰尘太多，导致光纤跳线接触不良，影响到光的通透性。

④ 光纤链路两端的光纤模块类型不相同或速率不匹配，端口协商不成功，导致无法连通。

光纤链路两端的光纤模块必须都是单模的或都是多模的，不能一端是单模的，另一端是多模的。另外，两端的光纤模块的通信速率必须一致，不能一端是 1000Mbps，另一端是 100Mbps。光纤模块无法自动协商。

2. 光纤链路故障的诊断与处理

如果光纤链路以前工作正常，突然之间链路不通，光纤模块上的收发指示灯均不亮，很可能是光纤物理链路被中断。如果是多模光纤，可将光纤跳线从光纤模块上拔下来，查看光纤接头是否有红色的光源射出来。两根光纤中，一根用于发送光；另一根用于接收对方传来的光。因此，在两根光纤中，应该从一根中看见红色的光。如果都看不到，说明没有接收到对方传来的光，光接收线路有问题。若有条件，可用同样的方法在对端查看能否收到光，以判断两根光纤中的哪一根或两根光纤都中断了。

除了查看光纤是否有来光之外，也可看多模光纤模块的接口。在正常情况下，对于多模光纤模块的两个光纤接口，有一个是发光源，是可看见红色光源的。如果两个接口都看不见红色的光源，说明光模块有问题。此时，可在交换机或路由器设备上进一步检查光纤接口是否启用，是否被其他管理员将端口禁用(shutdown)了。如果端口没有被禁用，从多模光纤模块的接口看不见发出的光,说明光纤模块损坏。对于单模光纤模块,传输的是激光,不能采用这种方式来判断。

如果最后判断是光纤物理线路中断了,可用专用设备检测断点位置。然后,对光纤重新进行熔接。如果是光纤跳线有问题,则更换新的光纤跳线即可。

7.3 端口协商故障的诊断与处理

由于链路两端的交换机端口或路由器端口协商不成功,或协商有问题,会导致链路不通或链路掉包严重。因此,当链路不通或掉包严重时,在排除传输介质故障的情况下,可进一步检查端口的协商情况。

端口可以设置具体的通信速率,也可设置为自动协商,其配置命令为:

```
speed 10|100|1000|auto
```

该命令在接口配置模式下运行,用于设置端口的通信速率为 10Mbps、100Mbps、1000Mbps 或自动协商。对于支持千兆的端口,才会有 1000M 的选项。auto 表示自动协商。

除了端口的通信速率设置外,端口还可设置单、双工通信模式。如果链路一端的端口为全双工,而另一端设置为半双工,会导致严重掉包。对于单、双工通信模式,链路两端的端口应设置为一致,比如都为全双工或都为自动协商。

配置单、双工通信模式的命令为:

```
duplex full|half|auto
```

该命令在接口配置模式下运行。full 代表全双工通信,half 代表半双工通信,auto 代表自动协商。

对端口速率和单、双工模式配置情况的查看,可执行 show run(Cisco 或锐捷设备)或 display current(华为或华三设备)命令。若配置不一致,则修改为一致。

对端口状态的查看,可执行"show interface *interface_type_number*"命令(Cisco 或锐捷设备)或"display interface *interface_type_number*"命令(华为或华三设备),其中"*interface_type_number*"代表要查看状态的端口的类型和编号。

习 题 7

1. 以下关于双绞线的描述,不正确的是(　　)。
   A. 双绞线分为屏蔽双绞线和非屏蔽双绞线
   B. 在网络布线中,常用的双绞线主要有五类双绞线、超五类双绞线和六类双绞线
   C. 对于五类或超五类双绞线,以 100Mbps 速率工作时,从交换机端口开始至最终用户的电脑,其线缆长度应控制在 100 米以内
   D. 双绞线也可作为万兆网络的传输介质使用

2. 以下传输介质中，传输距离最远的是(　　)。

A. 双绞线　　B. 多模光纤　　C. 单模光纤　　D. 细同轴电缆

3. 以下协议中，不属于无线传输协议的是(　　)。

A. IEEE 802.11n　　B. IEEE 802.1q

C. IEEE 802.11g　　D. CDMA2000

4. 以下无线传输协议中，传输速度最快的是(　　)。

A. IEEE 802.11n　　B. IEEE 802.1q

C. IEEE 802.11g　　D. CDMA2000

5. 在用户主机上 ping 网关地址，发现掉包严重。以下引起掉包的原因中，不可能的是(　　)。

A. 连接用户电脑的网线可能有问题，导致掉包

B. 用户主机忘了配置网关地址

C. 网段内有用户主机感染病毒，导致交换机负荷过重

D. 可能存在网络环路，引起广播风暴，交换机负荷过重

实训 7　双绞线故障的诊断与处理

【实训目的】 掌握双绞线故障的诊断与处理方法。

【实训设备】 双绞线、水晶头、压线钳、网络测线仪、计算机 1 台、二层交换机 1 台。

【实训内容与要求】

1. 实训指导教师事先准备好一根制作好水晶头的网线，然后在网线的中部，随机将 1、2、3、6 线序中的某一根电线剪断，造成断路，再重新将双绞线的外层绝缘层用电工胶布包扎好，制造一根存在故障的网线。

2. 使用该网线将计算机连接到二层交换机，检查能否正常接入，网卡能否连接成功。若无法接入网络，则用网络测线仪检查双绞线的哪一根不通，然后采取重新排列线序、重新压制水晶头的方法，保证制作好的网线能成功将计算机接入网络。

参考文献

1. 成都科来软件有限公司.网络协议——ARP协议解码详解.http://www.colasoft.com.cn.
2. 福建星网锐捷网络有限公司.锐捷网络技术白皮书.2008-07.